樹盗

森は誰のものか

TREE THIEVES

Crime and Survival in North America's Woods

by Lyndsie Bourgon

リンジー・ブルゴン 著

門脇 仁 訳

築地書館

旅へと送り出してくれた両親に

TREE THIEVES
Crime and Survival in North America's Woods
by
Lyndsie Bourgon

Japanese translation by Hitoshi Kadowaki
Published in Japan by Tsukiji-Shokan Publishing Co., Ltd., Tokyo

「あまりにも深く、われわれは人の労働と大地を、
人の力と大地の力を融合してきたので、
立ち戻って両者を分かつことができない」

——レイモンド・ウィリアムズ
『文化と物質主義』

目次

第2章 密猟者と狩猟管理者

第3章 沿岸から内陸へ

第4章 荒涼たる景観

第5章　闘争地域

第2部　幹（トランク）

第6章　レッドウッドの森への入り口

第7章　樹難

第3部　林冠（キャノピー）

第18章 「それはヴィジョンの探究なんだ」

第19章 ペルーからヒューストンへ

第20章 「木々を信じてるから」

〔凡例〕

本文における原注・別注・訳注の該当箇所はそれぞれ〔原注〕、〔別注〕、＊印で示した。

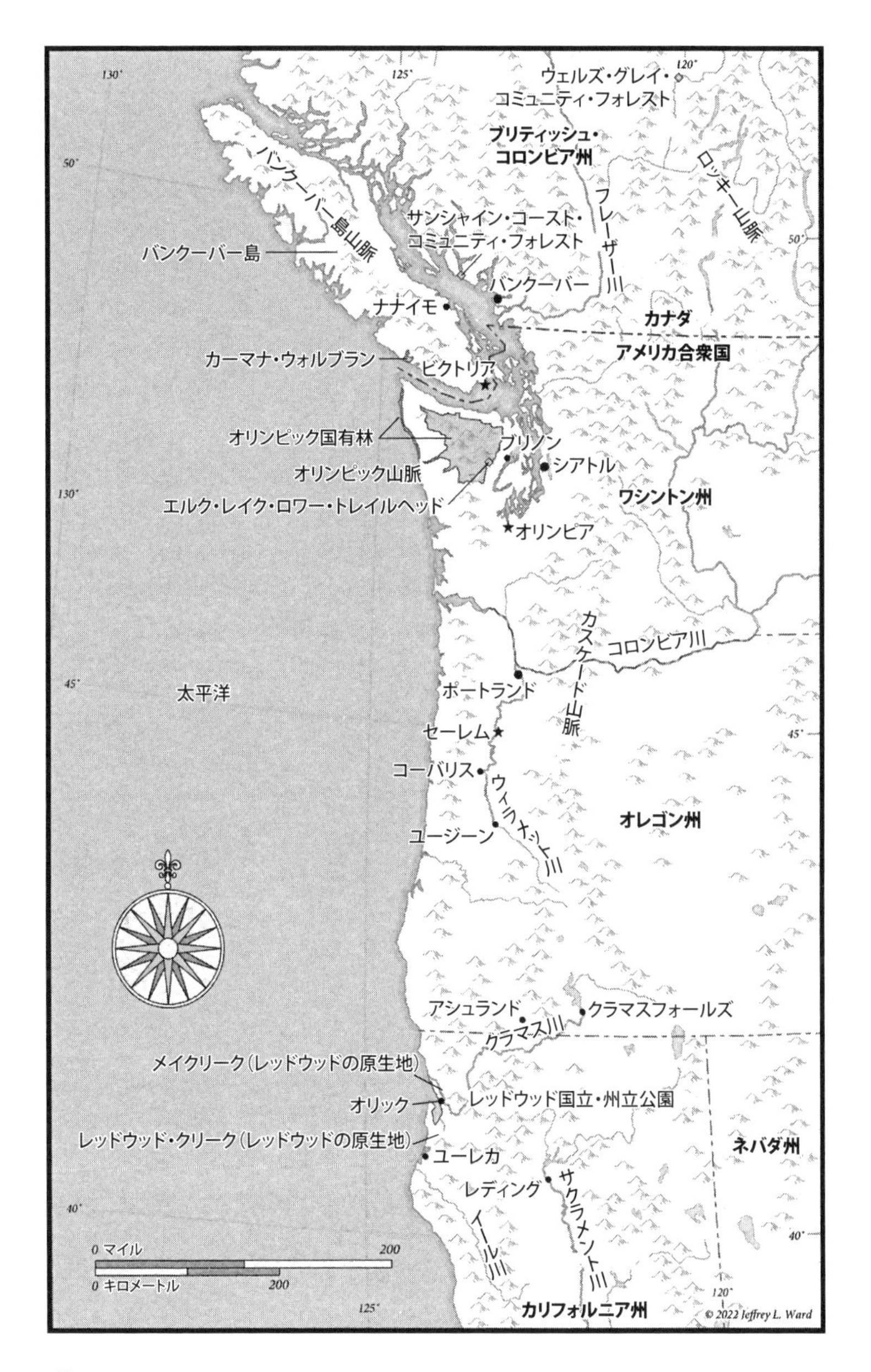

ウェルズ・グレイ・コミュニティ・フォレスト
ブリティッシュ・コロンビア州
ロッキー山脈
バンクーバー島山脈
フレーザー川
サンシャイン・コースト・コミュニティ・フォレスト
バンクーバー島
バンクーバー
ナナイモ
カナダ
アメリカ合衆国
カーマナ・ウォルブラン
ビクトリア
オリンピック国有林
ブリノン
シアトル
オリンピック山脈
エルク・レイク・ロワー・トレイルヘッド
ワシントン州
オリンピア
カスケード山脈
コロンビア川
ポートランド
太平洋
セーレム
コーバリス
ウィラメット川
ユージーン
オレゴン州
アシュランド
クラマスフォールズ
クラマス川
メイクリーク（レッドウッドの原生地）
オリック
レッドウッド国立・州立公園
レッドウッド・クリーク（レッドウッドの原生地）
ユーレカ
ネバダ州
レディング
サクラメント川
イール川
0 マイル 200
0 キロメートル 200
カリフォルニア州
© 2022 Jeffrey L. Ward

主な登場人物

前史

ニュートン・B・ドラリー：セイブ・ザ・レッドウッズ・リーグ執行役員。アメリカ国立公園局第4代長官。

エノク・パーシバル・フレンチ：カリフォルニア州北部、レッドウッド州立公園で最初のレンジャー兼監督官。

マディソン・グラント：レッドウッド州立公園の共同創設者。

ジョン・C・メリアム：レッドウッド州立公園の共同創設者。

ヘンリー・フェアフィールド・オズボーン：セイブ・ザ・プラネット・リーグの共同創設者。

エドガー・ウェイバーン：シェラクラブ会長（在任 1961 ～ 1964）

森林関係者

エミリー・クリスチャン：レッドウッド国立・州立公園（RNSP）のレンジャー。

テリー・クック：ダニー・ガルシアの叔父。

ローラ・デニー：元 RNSP レンジャー。

ダニー・ガルシア：元「アウトローズ」のメンバー。

クリス・ガフィー：異称「レッドウッド盗賊」。

ジョン・ガフィー：クリス・ガフィーの父。

デリック・ヒューズ：もうひとりの元「アウトローズ」。

プレストン・テイラー：ハンボルト州立大学のクマ研究者。

スティーブン・トロイ：RNSP のチーフレンジャー。

ロジー・ホワイト：RNSP の元レンジャー。

ハンボルト郡

ジュディ・バリ：「アースファースト！」の活動家。

ロン・バーロウ：オリックで生涯を送る住人。牧場経営者。

ダリル・チャーニー：「アースファースト！」の活動家。

スティーブ・フリック：元伐採業者。

チェリッシュ・ガフィー：テリー・クックの恋人。クリス・ガフィーの元妻。

ジム＆ジュディ・ハグッド：ハグッズ荒物店の経営者。

ジョー＆ウーナ・ハフォード：長期のオリック住人。

リン・ネッツ：デリック・ヒューズの母。

プロローグ
——メイクリークの闇の中で

夜、まさぐるようなヘッドライトの方向に、カリフォルニア北部レッドウッド・ハイウェイの油断ならないカーブがひろがっている。前方に何々ありとの標識がほとんどないので、ハイウェイの出口のランプは見落としやすい。だから小型トラックは慎重にメイクリークを目指し、ハイウェイを徐行しながら闇夜をくぐっていく。二〇一八年、霧深い冬の夜のことだ。

深夜零時を回ってまもなく、トラックは緑の生い茂った路肩に向きを変える。ドライバーが小さな金属製の門の左手に車を寄せると、ちょっとした石の堆積にタイヤが乗り上げ、車体がわずかに傾く。地面が柔らかく、タイヤのくっきりした溝跡がつく。ドライバーは車体のうしろを道路に向ける。ふたたび闇が包む。

幅の狭い空き地が九〇メートルほど先までひろがっている。それは古びてもう使わなくなった木材輸送路で、ふたたび野生化して草が生い茂っている。彼はトラックを降りると、足元に短い通り道を見つける。クマシダとウマゴヤシが両側に生え、レッドウッドの樹皮が幾重にもかぶさっているのだが、すべては闇の中で見えない。地面は草の葉にかなり分厚く覆われているため、前へ進む足音は吸い取られてしまう。

男はひょろっとして髪は短く、トレーナーを着ている。真っ暗な伐採地に立ち、トラックからもうひとり降りてくるのを待っている。明かりはヘッドランプだけだ。

ふたりの男が揃い、近くの山道を登り始める。ひとりはチェーンソーを携えている。ふたりはオレゴンハンノキやツタカエデを腕ではらいのけながら、小枝や葉屑が絡み合う深い藪を抜ける。さほど遠くまではいかず、ハイウェイと伐採地から東の坂の上を目指して七〇メートルばかり歩く。ここには公道もなければ、近くにキャンプ場もない。太平洋の深い霧の向こうに星が瞬いているかも知れないが、鬱蒼とした林冠にさえぎられている。

彼らは古く太いレッドウッド*の切り株の根もとで立ち止まる。ひとりがチェーンソーを始動させると、エンジンの高速回転音が伐採地にけたたましく響く。レッドウッド・ハイウェイで車を運転する者の誰ひとり、黄土色をした幹の深部に金属の刃が食い込んでいくときの金切り声を聞くことはない。

幹は直径九メートルほどで、尾根に深く根を下ろしている。チェーンソーをもった方の男が半歩足を引いて斜面に身を乗り出し、幹の底部に垂直の切り込みを入れる。にわかごしらえの通り道からは裏側にあたる。仕事は細心で、かつ手際がいい。縁がまっすぐの四角い木片を切り出していく。幹は徐々に小さな木片へと変わり、林床に落ちていく。まるで氷山から氷の塊が海に落ちるように。相棒が見張りに立ち、ふたりはあたりもはばからずに夜通し喋っている。最後は長方形をした木片をひと山拾い集め、いくつかはトラックのところまで押しやりながら、山道をどかどかと降りていく。荷台に木片を積み、トラックは走り去る。

森にふたたび目をやれば、数世紀の樹齢をもつレッドウッドが幹の三分の一を切り取られたままそこにある。ぱっくりと開いた傷口だ。

第1部

根（ルーツ）

第1章 乱伐

原生林で盗伐事件に出会う

　私が出くわした最初の盗伐事件は、バンクーバー島の南西岸、ディティダート・テリトリーにある原生林[*]で起こった。二〇一一年のある春の日、カナダのブリティッシュ・コロンビア州カーマナ・ウォルブラン州立公園で、ひとりのハイカーが削りたてのおが屑の匂いに気づいた。彼は歩いていくうちに、樹齢八〇〇年のレッドシダー[*]の幹に挿し込まれたフェリングウェッジ（伐った木が特定の方向へ倒れるようにする道具）を見つけた。樹高およそ五〇メートルのその木は、手ごろな風が吹けば造作なく倒れかねない。木はフェリングウェッジによって、緑の深い雨林（レイン・フォレスト）に聳える監視塔から公共安全の脅威へと変わってしまっていた。ブリティッシュ・コロンビア州立公園のレンジャーたちは、その木を自分たちの手で倒さねばならなかった。林床に放置して腐敗させ、数百年かけて大地に戻すのだ。

　そんなに長くはかからなかった。ちょうど一年後、ほとんどの幹は消えていた。木が倒された後、違法伐採者[*]たちが公園内に立ち入り、運び出せる大きさの木片に幹を切って（または「木挽き（こびき）」をして）、おが屑をあたりに残し、機材も置き去りにしていった。治安の良さと環境の保全で誉れ高いブリティッシュ・コロンビア州立公園だが、皮肉にもそのせいでなおさら盗伐がしやすくなっていた。

地域の環境団体「ウィルダネス・コミッティー」は、違法伐採についての公共警告を発し、ジャーナリスト向けのプレスリリースが私の受信メールボックスにも届いた。一〇年たったいま、あの夜カーマナウォルブランで起こった犯罪、つまり公有地での無許可での木材収穫と樹木損壊について、ブリティッシュ・コロンビア州森林・放牧慣行法のもとで責任を問われた者は誰ひとりいない。あのレッドシダーが消えてすでに久しい。夜陰にまぎれて地元の製材所へ、あるいはショップに木材を保管したり、看板や時計やテーブルに加工したりする職人たちへ、それは売られていった。

それ以来、私は多くの樹木違法伐採が北米にひろまるのを見てきた。太平洋岸北西部に、アラスカの緑したたる森林に、そして合衆国東部および南部の立ち木群に。木材の盗伐はどこにでも、大小さまざまな規模で季節を問わず発生する。ここで一本盗られ、あちらでまた一本という具合だ。森林官たちによれば、それは「すべての国有林の問題」となった。また一見ささいな（たとえばあなたの町の近くの公園で、小さなドイツトウヒをクリスマスツリー用に伐り倒すというような）ことから、木立ち全体の大規模な伐採にいたるまで、盗伐はありとあらゆる領域に及んでいる。

北米では、木材違法伐採の規模が地域によって異なる。たとえばミズーリ州東部では、盗伐がマーク・トウェイン国有林で頻発する問題となった。二〇二一年にひとりの男が六カ月の間に二七本のクルミとホワイトオーク*を伐り倒し、その後地元の製材所に売ったことで罪に問われた。ニューイングランドでは、サクラの木々が主な犠牲者だ。ケンタッキーでは、すべすべしたカエデの木から剝がした樹皮が薬草やダイエットサプリに使われる。シアトルでは博物館の庭園から盆栽が、ロスアンジェルスでは家の庭からヤシの木が、ウィスコンシンでは森林公園から稀少なマツが、アリゾナではプレスコット国立公園からアリゲーター・ジュニパー*が姿を消した。ハワイではコアの木*――肌理（きめ）の細かいレッドウッドぐらいの価値がある――が雨林から盗伐されている。オハイオ、ネブラスカ、インディアナ、テネシーの各州で、私はブラック・ウォルナットとホワイトオークの切り株を見た。こうした木々のどれひとつ、もはや伐採地に生えてはいなかった。すべての木は、かつて何がしかの保護が適用されていた。誰かに、そしてどこかで、こうした木々が入り用とされているのを意味していた。

森の奥には、他の自然窃盗もある。コケは重量〇・四キロあたり約一ドル*でフラワーデザイナーへ売却される。密採者がピックアップトラックの荷台に一三六〇キロのコケを所持していて捕まったケースもある。合衆国南東部一帯で、密採者たちはロングリーフパイン*の針葉をかき集めて売っている。これは「ブラウンゴールド」と呼ばれる素材になる。木の太枝、野生のキノコ、牧草、シダは、すべて違法に取引される林産物である。トウヒやモミの枝が切られてクリスマスツリーとして売られたり、枝の尖端がもち去られてポプリにされたりすることもある。

一〇億ドルの違法伐採取締りがむずかしい理由

森林は階層化された行政機構で管理され、管理のポイントによっては重複や提携も見られる。個人の森林所有者もいれば、伐採企業*が管理する森もある。市町村や州の管轄区域に属する地域林もある。さらに国立公園局、森林局、ナショナルモニュメントがある。カナダには英連邦官有地（クラウンランド）、国立公園、自然保護区がある。合衆国の東半分ではほとんどの森林が民間所有で、森林または用材地*として管理されている。ただし国の西半分では、ほとんどの林地が連邦政府と州政府に所有されている。その森林の七〇パーセントは公有で、これに対し東部では公有がわずか一七パーセントである。

各組織を管轄する上位組織を考えていけば、こうした保全階層を最も理解しやすい。たとえば、森林局は農業省の管轄である。だから森林局の用地の樹木は、農作物と同じように管理される——成長し、収穫され、消費される生産物という意味で。その他のアメリカの機関（国立公園局、土地管理局、米国魚類野生生物局）は内務省の管轄である。しかしこうした傘下のさらに傘下となると、事情は複雑になる。たとえば、国立公園局と土地管理局の管轄地では、樹種選定伐採がおこなわれる。合衆国魚類野生生物局は魚類や野生生物とその生息地を保護しているが、魚が川を経由して国立公園や国有林を通過することもあるので、移住ということになれば責任の線引きはあいまいとなる。こうした保全区域からの盗伐は最もショッキングだ。樹木は生活史全体にわたり、さらには伐採後も保護*されることになった。保全がうまくいかなくなるやり方の極みである。

北米では、毎年一〇億ドル（約一三二〇億円）相当の木が違法伐採されると推定されている[原注1]。森林局は、用地から盗伐される木の価値を年間一億ドルとした[原注2]。近年、同局は合衆国の公共の土地で伐採される木の一〇本に一本は違法伐採だと推定している。複数の民間木材事業団が、公共の土地から盗伐された木の価値を年間およそ三億五〇〇〇万ドル（約四六〇億円）と算定する。カナダのブリティッシュ・コロンビア州では、公共管理されている森林の盗伐対策について、専門家が毎年のコストを二〇〇〇万ドル（約二六億円）と算定している。世界全体では、木材の闇市場が推定一五七〇億ドル（約二〇兆円）であり、この数字には木材の市場価値、不払いの税額、予算損失分が含まれる。木材違法伐採は違法漁業や動物の闇取引と並んで、インターポール（国際刑事警察機構）のような国際組織が監視する合計一兆ドル（約一三二兆円）の違法な野生動物取引産業を構成している。

木材の違法伐採は、法律的には窃盗罪に分類されるが、自然の恵みや環境という点では独特の意味合いをもつ。盗伐者は木のことになると、「盗る（poach）」よりも「採る（take）」という言葉を好む。事実それはかけがえのない資源を受け取っていくことなのである。北米において、木は歴史や、われわれの大聖堂*の解釈や、屹立する廃墟と最も深く結びついている。ただそれが盗伐されると盗品になり、相応の取り調べを受ける。といっても、書類やナンバープレートから盗難車の持ち主を割りだすことと、盗伐された木からもとの株をたどることとではわけが違う。生い茂った森林の中で、そうした切り株はたいがい葉むらにかくれているか、コケに蔽われているか、枝に埋もれている。どんな場合も見つけるのはほとんど不可能だ。

盗伐木材の価値を特定するのも、同様に複雑である。環境の点からすれば、密採の影響というのは窃盗罪に比べてはっきりせず、込み入っていて人をまごつかせる。公共の土地は、世界に残存する最も古い木々を囲い込んでいることがある。そうした木々の膨大な炭素吸収容量――レッドウッドだけでも、世界にある他のどの森林よりも単位面積あたりの炭素保有量が多く、ブリティッシュ・コロンビア州のカーマナウォルブラン州立公園は、地球の肺として広く知られる南半球の熱帯林の二倍の炭素を保有している――によって、原生林は気候変動対策の鍵となっている。同様に、原生林が失われた場合、それが茂っていた地盤も不安定となり、周囲の土地は洪水や地滑りを被りやすくなる。たとえ立ち枯れ（林業用語でいうスナッグ）をしていても、原生林は北米大陸全体の絶滅危惧種に比類のない生態系を提供している。木々が姿を消すと、獣、鳥、小ぶりの植物相、そしてそこに依存している菌類も消滅する。盗伐はたとえ小規模なものであれ、遠大な影響を及ぼし、環境の安定性を低下させ、森林を脆弱にする。数百年間も消えることのない爪痕を大地に残して――。

ただし、自然保護法の施行されている世界では、どうやら目に見えない境界線が動物相と植物相を分けているらしい。動物、とくにゾウやサイといったカリスマ的大型動物を密猟と違法取引から保護しようという議論（またそのための資金調達）は、植物を守るための法的活動よりも支持されやすい傾向がある。けれども「絶滅の恐れのある野生動植物種の国際取引に関する条約（ＣＩＴＥＳ）」（ワシントン条約）によって保護されている三万八〇〇〇種――商売で私的に利用されたり危機に瀕したりしている動植物の世界的なレジストリー――のうち、三万二〇〇〇種以上が植物種なのである。

まさに原生林の自然こそが、そうした見えない臨界を踏み越えるきっかけを提供する。カリフォルニア州のレッドウッド国立・州立公園〔別注〕のチーフレンジャーであるスティーブン・トロイは、その木々を「アメリカ西部のサイの角」という。「ヒマラヤスギ属やベイマツの生態系にも同じことがいえる。枝にはコケがまといつき、幹は天高く突き出している。樹高と樹齢と周辺環境とで、こういった木々は畏怖心を呼び覚ます。レッドウッドの木立ちに立って、その美しさに息を呑まずにいるのは、じつに難しいことなんだ」と。

〔別注〕一九九四年以来レッドウッド国立・州立公園は、一カ所の公園（レッドウッド国立公園）と、三カ所の公園（デル・ノルテ・コースト・レッドウッズ州立公園、ジュディディア・スミス・レッドウッズ州立公園、プレ

イリー・クリーク・レッドウッズ州立公園）から成っている。

森の圧倒的な美しさに囲まれて暮らす人びとがなぜ盗伐を？

本書では、アメリカとカナダの太平洋岸北西部にある国立・州立の公園と森林での樹木違法伐採をおもに取材する。こうした木々はブリティッシュ・コロンビア州内陸部のわが家の庭からわずか数時間のところにあり、誰かがその木を盗む理由が呑み込めるまで、私は数年間を費やした。好奇心に導かれ、めったに議論されることのない森林破壊形態と直面することになったが、それは二〇世紀から二一世紀初頭の最も差し迫った社会問題に端を発している。

このいきさつで私が気になったのは、失われた木がどれくらいの金銭価値に値するかでもなければ、気候変動に悪影響を与えるという知識でもない。ともにきわめて重要な考察ではあるが――。かわりに私には不思議に思えた。レッドウッドの森の圧倒的な美しさに囲まれて暮らす人が、なぜその森を愛しながら同時に殺すこともできるのか。自然界との一体化を実感していればこそ、その一部を破壊することでライフサイクルの新たな段階に至ろうとする理由を、私は知りたかった。盗伐はひとつの犯罪の大規模で物理的な衝撃であり、経済と文化の変容に直面した地域社会の崩壊という、北米全体にひろがる難題に根差しているのだ。

盗伐について調べていくと、環境・経済政策の浸透効果にたちまち視界が開けていく。樹木に囲まれて暮らすだけでなく、樹木に頼って生き延びてもいる労働者階級を政策はなおざりにし、辺境へと追いやっている。難解な物語だ。苛烈な発展と欲求から生じた、怒りと美しさの色合いをともに帯びた物語。

森は仕事場であり、その仕事を取り上げられることで多くの人は金銭を、コミュニティを、そして統一的なアイデンティティを奪われる。多くの盗伐者たちは、一本の樹木があらわしているものへの憧れをよく口にする。それは大地に深く根を下ろした、故郷という支えである。古代ギリシャ人はこの感覚をノトスと呼んだ。それは心を引き裂かれるような別離から生じた、さまようようなホームシックであり、ノスタルジアの語源である。

人々は数世紀にわたり、樹木を「採って」きた。しかし樹木も人々から何かを奪った。塀の内側に囲い込まれ、地図上に境界線を引かれながら。歴史全体を見れば、地域社会で利用できなくなるまでに土地を奪ってしまえば難局を生じることが多い。そして盗伐者それぞれのストーリーこそ違え、どれも皆それに続いて頭をもたげる切羽詰まった欲求を体現していたのである。さて、そこでだ。人はなぜ木を盗むのだろう。お金のため？　そうだ。だが抑圧された欲求や、家族や、所有権や、あなたも私も家庭に備えている品物や、ドラッグのためでもある。私は盗伐行為を単にドラマチックな環境犯罪としてではなく、もっと深い物事――急変する世界にあって自分の立ち位置を求める行為、つまりは人々のやむにやまれぬ所業――として見始めている。そして盗伐の切なさと激しさを理解するため、私たちはまず一本の木が、どのようにして盗み得る対象となったのかを考える必要がある。

第2章 密猟者と狩猟管理者

「ロビン・フッドは我と我が物を大事にした。それだけさ」

――クリス・ガフィー

「まあ野生動物や鳥は、誰のものでもない。それは〝公平な分け前〟なんだ。そうじゃないという連中は、空気まで自分の物だと思ってる」

――ボブ・トーヴィー、ブライアン・トーヴィー（イギリス最後の密猟者）

一七世紀、イングランドの樹盗たち

一六一五年四月の春めいた一日、イングランド中部地方の森の端に立つ石造りの建物に一一人の人々が入り、召集された裁定の場に立った。〔原注1〕その集団は、みずからの犯行について聴聞されることになっていた。全員がコースの森から木を盗んでおり、ビールの醸造やパン焼きがまにその木を使っていた。彼らは逮捕され、このスワニモート、つまり森林の統制・警備・保全のために設置された法廷に出頭したのである。彼らの前には一八人の陪審員が座り、そのまわりを二二人のコモナー*、村の住人、農民が囲んで、その日の出来事を見守っていた。被告はひとりずつ、犯行について供述した。ナシとリンゴの木立ちから木を伐採し、セイヨウハシバミから小枝を取り、またある事例では、ゴブリンオーク*として知られる木から大量の木材を伐採していた。現代の木材違法伐採がここからひろがってきたことを示す事例の数々である。〔原注2〕

英語の「forest」という言葉は、「forbidden（禁じられた）」と共通で、「外側（outside）」を意味するラテン語の「foris」が語源になっている。これにはわけがある。フォレストとはそもそも、現在意味するような木立ちや林地のことではなく、一一世紀にウィリアム征服王によって収用された国土の一部を意味していた。ウィリアムとその同胞たちが狩猟に赴き、それ以外の者には狩猟権の代価を払わせることのできる場所としてである。一種の中世カントリークラブだったフォレスト*には、林地よりも多くの土地が含まれ、農場や、牧草地や、村や町全体という場合もあった。フォレストが確立されると、豊富なシカの頭数を維持するため、たまたまそこに住む者には誰にでも厳重な規則が適用された。たとえば、木はもはや無償で伐採できるものではなくなっていく。

こうした土地収奪を食い止めるため、一三世紀には大憲章（マグナカルタ）にともなうフォレスト憲章が制定された。これは王室がいかめしく保持する土地をもっと利用しやすくするよう望んだ富裕な封建領主たちの要請を受け、土地へのフォレスト*法の適用をはずしたジョン王以後に導入されたもので、フォレスト憲章はコモナーと林地に対して生活の規範を示し、食べ物、避難所、水といった生活に不可欠なものの利用を認めるものだった。「すべての自由民は、フォレストにおけるみずからの樹木に対しみずからの望む税額を課すものとする」と、フォレスト憲章は規定している。それはコモンズ（共有地）のためのマニフェストであり、王室による収奪の拡大を食い止めようとするものだった。

共有地の利用を地域住民に保障したフォレスト憲章

現代の基準からしても、フォレスト憲章は急進的な法律である。王室であれ政府であれ、権力による公共の土地の私有化に対抗するものだったからだ。その憲章は利用制限を設けるもので、史上初の環境法だった。動物の権利を含んでいたり、猟犬を用いた狩猟を規制したりしていた。この憲章で、王室は囲い込んだ土地を国民に返還するよう求められた。森林犯罪でそれまで収監されていた者は、二度と「悪事」を犯さないと宣誓すれば釈放された。数世紀にわたり、イングランドのすべての教会が年に四回、人民に対してフォレスト憲章を読み聞かせるよう求められていた。

憲章全体を通じて、フォレストはマスト（ナラ、ブナ、クリなどの実）、ハービッジ（牧草）、マール（泥灰土）、ターバリー（泥炭採掘権）、エストバー（採木権）として知られる産物や権利の共有資源（コモンソース）と定義されている。それは林床でブタを飼育したり（マスト）、ヒツジに牧草地じゅうで草を食ませたり、ハチミツを採取したりする認可を保証していた。粘土や砂を掘る権利（マール）や、燃料用に石炭や泥炭を採掘する権利（ターバリー）、そして製材所を建てる権利も与えた。大枠がこのように規定されていたフォレストは、聖域や経由地や境界線として樹木が利用される避難場所でもあった。樹木はコモナーの生活に欠かせない部分であるという認識があり、家や家具やドアをこしらえることのできる枯れ木や立ち木など、あらゆる生存手段が見つかる「貧者の外套」と呼ばれていた。フォレスト憲章はまた、エストバー（薪や日々の必要性のための材木を採取する権利）の境界も大まかに規定していた。樹木の健全な再生をうながすために、地面の高さで伐り倒す伐採の一形態であるコピシングについても言及している。

しかし一六一五年四月のスワニモートの時点まで、フォレスト憲章は長いこと無視されていた。実際、その規約が十分に守られたことはそれまで一度もなかった。コモンズは、おもに地域のフォレスト利用を廃止した富裕地主たちによる、私有地の継続的な囲い込みのせいで縮小していた。コモナーズという言葉さえその効力を失い、むしろ蔑みを含んだ言葉となっていた。

こうした風潮の結果、木材の採取は一七世紀までには民間の慣習となっており、木材の違法伐採は窃盗罪の最も一般的な形態として現れていた。フォレストはいまや、エストバーが日頃から制限を超えて用いられ、樹木が違法に収穫されて木炭にされる民衆犯罪の場だった。

「森林管理者」は「狩猟管理者」となった。公共の利用のために正式に開放された民有地から利用者をしめだす、事実上の警備員である（ロビン・フッドの物語では、ロビンをノッティンガムの執政官から遠避けさせているが、実際はロビン・フッドが狩猟管理者のことを理解し損ねていたということになりそうだ）。

狩猟管理者たちは密猟者、樹盗を寄せつけないために、生垣に潜ませたスネア[*]、トリップワイヤ、マントラップといった手法を用いた。私有地の樹木を――幹や枝だけでなく、柵や柱や樹皮も――奪っていく者は誰でも罰せられた。しかも酷いことに、七年の投獄、腕の切断、絞首刑となった。盗伐者たちは、四〇日ごとに開かれるスワニモートで「王室森林司法官」[原注3]（これは終身指名される）によって刑を宣告されたり、罰金を科せられたりした。司法官が判決を下したその犯罪は、枝の打ち落としからナラを根こそぎ盗むことにまで及んだ。

驚くばかりの経済的不平等に対して、社会の怒りがひろがり始めた。地主があとでやってきたとき、娯楽のためにたくさんの動物を射殺せるようにしておくためだけに、借地人が食糧のためのウサギ罠を禁じられていることも珍しくなかったからである。フォレストの規則もますます酷薄になっていた。たとえシカがオオカミに殺されていたとしても、その肉を食糧用にもち帰ることさえ違法だった。そしてコモナーが自分たちの必要とする木材をもち出す権利の譲渡を認めていなかったため、盗伐が抵抗の一形態となった。

ある地主は年次録の中で、「若い略奪者たちが、生垣も木も余さず取っていってしまう。そうすることで彼らはある程度、窃盗の腕を品定めされるのだ」と不満を述べた。樹木は「損壊し搬出された」と記され、ある森林管理者は七年間で三〇〇〇本の木が被害を受けたと訴えた。シカの肉と木材の輸送に付近の川が使われ、舟に積み込んで運ばれた。

獲物の密猟や木材の密採は、たいがい網、罠、餌を巧みに使っておこなわれ、静けさと月明かりのもとでの犯行となった（王室森林司法官は昼間の犯行よりも、夜の犯行を厳しく処罰した）。しかし密採者のなかには、あからさまな抗議をやってのける者も出始めた。地所内でシカを殺し、土に血痕を染み込ませながら死骸を残したり、敷地になだれ込んで土地管理者を恫喝したりした。またある場合は、女装した男〔原注4〕がウィルトシャーで樹盗団を率いていた。地主たちは自分たちの木立ちが見る影もなく伐り尽くされ、平らげられてしまったと報告した。

「ブラックス」と自称し、暗闇にまぎれるため顔を真っ黒に塗る盗伐者たちがいた。彼らは地元の酒場のマントルピースに飾られていたシカの角への忠誠を誓った。「ブラックス」に立ち向かうべく、イングランド政府は「ブラック法」を導入し、三〇〇以上の違反について死刑を定めたが、その中には「フォレストでの変装」も含まれていた。もとはといえば広くはびこる犯罪への一時的な禁令のつもりだったのだが、ブラック法は以後一〇〇年間も効力を保つこととなる。

何より大切なのは、盗伐者たちが村でも町でも地元の人びとの共感を得ていたことである。木やシカを盗むことが、そこでは民間のヒーローの所業とみられていた。盗伐は風景と一体化し、土地を共有する手段に変わった。国王や諸侯の権威を揺るがせ、怒りとまぎれもない復讐心を表明する手段に。こんな俗詩も出まわった。

恨みを晴らすエニシダと
四〇の石つぶ集めたぜ
土地つきどもの骨くだき
貧者の権利をとりもどすため

第3章　沿岸から内陸へ

「奴らはそれを公共の土地と呼ぶ。それはつまり、俺の土地ってことだろ?」
——デリック・ヒューズ

広大な森を滅ぼし、先住民を排した建国事業

ヨーロッパ人は、のちのカナダや合衆国となる東海岸に移住したとき、膨大な量におよぶ樹木を伐り始めた。東から西へとドミノのように木は倒され、数千年にわたって進化してきた生態系は根絶やしにされた。彼らは家屋や薪のためだけではなく、西岸方向への移住をしやすくするためだけでもなく、産業拡張のために海外輸出をする目的でも木を必要とした。アメリカ大陸にはほとんど世界中の森林が存在していた。森は広大で、「国の中央部まで続いているほどだった」と資料にある。

この伐採が、窃盗と囲い込みという基盤のうえに成り立つもうひとつの「採ること」(taking) だっ

た。植民地開拓者たちは、暴力を用い、病気をもち込み、豊かな土地から移住を強いることで先住民たちを排除した。のちに国立公園や公有林が確立されると、先住民たちはヨセミテ、イエローストーン、グレイシャー、バッドランズといった、目を見張るような景観を呈する代表的な公園となっていく土地から立ち退かされた。

アメリカ建国事業は、次々と土地を奪っていく膨張事業だった。燃料用だけでも、たちまち五〇億コード[*]の木が消費された。それは五〇年にわたり五二万平方キロの林地から伐り出された木であり、イリノイ、ミシガン、オハイオ、ウィスコンシンの各州を合わせた面積に相当した。ある伐採業者たちは自分たちの仕事を、林冠に空けた穴から「文明の光を俺たちに降らせ」、天国をもっと近くへ引き寄せる仕事だと見ていた。巨木はびくともせず、領地拡大の邪魔になり、征服すべき障害物だと思っている伐採業者も多かった。その木々を倒すため、伐採業者は黒い火薬と、幹に穿った穴につなぐ導火線を用いることもあった。爆発すると木は真っ二つに割れる。当時の写真資料を見ると、男たちが大きな切り株の上に腰かけている。キャプションにはこうある。「どんどん倒せ。隣の山にはもっとたんまりあるぜ」。

自然保護活動のはじまり

一方、都市部が成長するにつれ、アメリカの自然保護活動が都市に生まれてきた。医師は頭痛や神経衰弱を治療するとき、処方箋に「転地療養」と書き、街の喧噪や匂いを離れた田舎へ患者を赴かせることも珍しくなかった。都市居住者は、ニューヨーク州のアディロンダック山脈のような地域を訪れるようになるにつれ、そうした自然の保護にこだわるようになってきた。彼らはごみごみした都会からやって来る。だから保全の恩恵は、いまだかつて人類によって穢されたことのない場所を保っておくことだと見られがちだった。実際には、手つかずの自然などもうどこにも存在しなかったのだが――。森林は貧困労働者によって伐採されてはいたけれども、彼らはその後、国内の新興都市よりも外の田舎に家を建てた。もはや彼らは土地から締め出されていた。彼らの家は伝統とは無縁で、伐採労働が害を与えているし、環境の方がよほど大切というわけだ。

保全活動は、レクリエーションに自然を利用する富裕な献金者たちによるロビー活動と基金でまかなわれた。ニューヨーク・スポーツマン・クラブのような組織が設立され、有料会員が希望する狩猟鳥獣と魚の利用権を保証するため、より強力な保全措置のための基金とロビー活動をおこなった。彼らは狩猟鳥獣の肉の販売を禁じるようロビーし、その活動は狩猟や釣りの盛んなシーズンに向けられていった。投げ網漁――家族を養うために大量の魚を捕獲する農民や地域住民がやっていた一般的慣わし――が禁止された。

わずか数世紀前にイングランドでもそうだったように、スポーツハンティング以外の狩猟は違法行為となった。家畜に飼料を与えたり草を食(は)ませたりすることは不法侵入。伐採は樹木の窃盗。短縮された狩猟シーズンは、収穫期のサイクルなどおかまいなしのスポーツハンターによって独占されるようになった。そのため農民たちは毎年、特定の重要な時期に土地を耕すか、狩猟で肉を獲るかの選択を迫られた。ワイオミング州のある男性は、地元の新聞に投書した。「牧場経営者が『シーズン以外に獲物は食えんぞ』といわれたら、いっそ密猟者になるだろう。自分や家族にひもじい思いをさせたくないから。もし獲物の肉がなければ、ふたり以上の世帯はほとんど餓死してしまう〔原注1〕」。

一八九二年、アディロンダックの役人たちが、公園の正式な境界線をことこまかく地図に記し始めた頃、彼らは気づいていた。多くの地元住民にとり、公園の土地と彼らの農場の区別が判然としていない。地図に記された線は森林そのものに記されたわけではないから、意図せぬ不法侵入も横領になってしまうし、移住者が不法占拠者にされてしまう例もあった。たとえ住人が何十年と家で暮らしていたとしても、その周囲の土地に自然公園が設立されることになれば、立ち退きを強制できてしまう。あるケースでは公園コミッショナーが、不法占拠者のことを「招かれざる隣人であり、居すわられると目障りでしかなく、しょっちゅう空き缶や、魚のウロコや、臓物や、獣の皮がまわりに散らばっている」と言い立てた。地元住民が立ち退かされると、ペンシルヴァニア州、ニューヨーク州北部、ヴァージニア州、ヴァーモント州といった場所に凄まじい勢いで、怒りと復讐の気炎が上がった。自然保護活動家ジョン・ミューアが参加していたナショナル・フォレスト・コミッションは、最終的には軍隊に自然保護区の巡回を要請すべきだと勧告した。一八九七年、大統領グロバー・クリーヴランドが八万六〇〇〇平方キロの土地を新たな森林保護区や自然公園のために確保したとき、西部各州の事業関係者や政治家は激昂した。彼らはそれを「枯れ木のいたずらな保護」と見て、こうした自然保護活動家たちを「狂信者、頭のカタい学者、センチメンタリスト、役立たずの夢想家」と排斥した。[原注2]

木材違法伐採は、ある居住者たちにとってはフロンティアの伝統となった。アディロンダックでは、地元民たちが「不法侵入禁止」の看板を引きずり降ろし、その足で森に踏み入るようになった。多くは木材収穫のためである。違反は信じがたいほど起訴が難しかった。監視員たちは地元からの情報に頼り、たび重なる盗伐者を逮捕した。「地元のいかなる個人についても、同じ区画でその人物に悪意をもつ誰かがいない限り、証拠をつかむのはほぼ不可能」と、フォレスト・コミッションの視察官は記している。「地元民がこうした不法侵入者について知っていることを州の役人にいいつけたら、近隣住民の迷惑行為や悪意にさらされ、地元では暮らしにくくなる」。地方住民の中には、たまたま自分たちの行為を違法伐採と見ていなかった者もいる。それだけに捕まれば多くの者は腹立ちまぎれに、森へ火を放って報復した。

反乱は二〇世紀にもち越された。一九〇三年九月、ひとりの地主が自分の地所での樹木違法伐採のことで地元の男を訴えたところ、銃殺された。その地主は地元の道路の使用権を買い取り、その道路への立ち入りを禁止していた。さらには、地元の製材所へ丸太を流すのに以前使われていた小川も購入していた。こうして私有地は地域の怒りにさらされるようになった。地元住民は建物に放火し、柵に穴を穿ち、警備員たちに発砲した。ウィリアム・ロックフェラーは武装したボディガードつきで移動するようになり、ベイ・ポンドにある彼のロッジには銃弾が撃ち込まれた。ロックフェラーの警備員たちは職を離れ始めた。

先住民たちも、生存のために植物や動物を盗み続けた。彼らの行為は移入者たちの流入圧力に対する根深い反乱だった。先住民こそ土地への愛着ある知恵をもった真の地元民であり、盗みもいわれなきことではないとして、アメリカの原型を「採り」戻そうとしていた。違法伐採は、伝統的な権利と慣わしを主張する国家転覆的な手段だった。カナダ北部では、チペワイヤン族の狩猟者たちがバッファロー保護区の設立に抗議して、一九九二年のウッド・バッファロー国立公園創設後もハンティングとわな猟を継続し、そのことで酷たらしく処罰された。

この時代の監視官は危険な状況で働いており、ハンターや違法伐採者と衝突して殺された監視官もいた。監視官たちは、地元住民たちが臆面もなく薪を採りに森へ入ると、すかさず報告した。「原生自然の境界近くに住む人々は、はるか昔からこう教え込まれている。この国に初めて居ついたときから、国のものは公共財産であり、自分たちには思うさま木を伐る権利があるのだと。父も祖父もそうしてきたし、誰も疑問を差しはさめない生得の権利が自分たちにはあると――」。現在の最も代表的な国立公園の数々が、こうした反乱に紛糾した。イエローストーンにはエドガー・ハウェルという有名な密猟者がいたが、彼は地元紙に投書して、自分が国立公園で狩りをしたのは、技と勇気が問われる行為だからだと述べた。彼はそれを狩猟でレンジャーたちをかわすための「突撃」だと宣言した。これに対し、自然保護活動家たちは彼をクズで邪悪な人物と呼んだ。

カリフォルニアのゴールドラッシュと〝赤い金塊〟レッドウッドの森

作家のドナルド・カルロス・ピーティーによれば、カリフォルニア州のレッドウッドに対する「最初の襲撃」のきっかけは一八五〇年のゴールドラッシュにある。スペイン移民は一八世紀にレッドウッドの森へと足を踏み入れたが、その一〇〇年後には東部出身の野心的な伐採者たちが最後の山を越え、そのままハンボルト郡へと突き抜け、太平洋岸へ到達したのだった。

ドイツの地理学者で理学者のアレクサンダー・フォン・フンボルトにちなんで名づけられたハンボルト郡は（フンボルト自身がこの地を訪れたことはなかったが）、サンフランシスコの四三五キロ北にある。伐採業者たちは到着するなり、半ダースほどの先住民グループ――ウィヨット族、ユロク族、フーパ族、イール川アサバスカン族といったごく少数の民族――の領域へと乗り込んだ。その地域の森は、海岸山脈地帯に適応するために何百年も進化を遂げてきたレッドウッドの原生林とトウヒに蔽われていた。その景観が先住民たちを数千年も持続させてきたのであり、彼らはその川岸づたいに、板をツタの紐でくくった細長く丈の低い家で暮らしていた。彼らの家屋の板は、レッドウッドの自然倒木や立ち木を裂いた、薄くて曲げやすい木切れだった。カヌーは切り倒した大きな幹を削って作られていた。レッドウッド、またはキールの木がどのように創造主から生まれ、舟や家に使われたかを説くユロク族の伝説には、持続可能な資源利用がわかりやすく示されていた。レッドウッドは生ける助っ人だったのである。

レッドウッドはセコイア属のヒノキ科にあたる。世界で最も背の高い木、レッドウッドはまぎれもなく遺産だ。一億年ものあいだ、それは地球に育ってきた。あるときには北極でも根づいていた。太平洋岸北西部はどこも起伏が多く、一〇月から五月までは雨にぬれそぼり、巨木が重なり生い茂っている。直径一八三~二四四センチメートルの木もあり、たいていは樹高が二五〇メートル以上に伸びる。海岸から身の丈を伸ばして、レッドウッド、海岸のベイマツ、そして低木のトイオン*（秋には赤い実が密集する）が斜面とふもとを覆いつくしている。混み合わないように、レッドウッドの林冠は隣の樹冠のへりまでしかひろがらない。顔を上げて目線をもち上げると、空は大河のような樹幹と樹幹のあいだをつなぐ細く深い水の流れのように見える。地上からは、空はキャンバスではなくて糸だ。そしてここが伐採業者たちの踏み入るいまなお実在の地であり、霊妙な太古の森なのである。

一八五〇年代に、こうしたレッドウッドは無限にあるとも思われた。「赤い金塊」と呼ばれたレッドウッドは、鉱物資源と同じように重視され、家、倉庫、遊歩道、金の選鉱鍋の流し樋、貯蔵樽、船、地元製材所の箒の柄となった。当時、カリフォルニア北部には八一〇〇平方キロのレッドウッドの森があると推定されていた。流れに勢いがあり、幅が広くアクアマリン色をした川と、四つの広域の分水嶺と、サケ、ラッコ、そして鳥たちの豊富な生態系を結んでいた。レッドウッドは緑したたる山にブランケットをかけたように、地平線の方まで波打っていた。「樹木！　トウモロコシの茎のように太く身の詰まった、このおびただしいモンスターたち」。開拓者のアマンサ・スティルは、一八六〇年に自分の日記にそう記している。

小さな町々がこの山深い土地から自立し、その多くは森と海の向き合うところにできていった。そのひとつ、オリック（ユロク族の言葉では河口を意味する。これと並ぶべつの逸話では、カエルが「オリック、オリック」と鳴くのを移民が聞いたからとされている）の町は、乳製品用の家畜を育てるのにふさわしい土地を提供する、緑の濃い多湿の谷間に繁栄していた。現在のオリックの町の一定の住人たちは、この乳製品ブームの頃にまで親族をたどることができる。「おふくろがこの町に生まれたときは、まだ製材産業は始まってなかったんだ」と、オリックの牧場経営者ロン・バーロウはいう。

北米で最も古い製材会社のいくつかが、このオリックからそう遠くないところに建てられた。一八八〇年代、イール河谷ランバー・カンパニーは、この町が一日あたり七五〇〇枚の屋根板の木材を原料の尽きるまで二〇年間生産できるだろうと推定した。一九世紀後半には、丸ごと一軒の家や貯蔵所や教会が、一本のレッドウッドから建てられるのがふつうだった（レッドウッドはまっすぐで柔らかく、軽い針葉樹なので加工しやすい）。そして二〇世紀初頭には、ほとんどすべての合衆国の都市では水を輸送するのにレッドウッドのパイプを使っていた。ミルウォーキーの醸造所ではレッドウッドの大桶（バット）を、ユタ州の鉱業地域ではレッドウッドの用水路を用いた。そして電気温水器のなかには、いまもレッドウッドの絶縁体を備えたものがある。オリックの第一号製材所は一九〇八年に開業した。そこではレッドウッドを製材したが、トウヒも扱っていた。トウヒは美しく高品質との評判を得ていて、幹が直径二四四センチメートルになることも多く、まっすぐで製材には最適だった。

カリフォルニア州北部のレッドウッドは細いので、ベイマツ、バルサム樹、ベイツガ、レッドシダーやベイヒバ、そしてトウヒといった樹木が豊かに生える温帯多雨林では劣勢となる。こういった木々のもとで、植民時代の初期の頃、川岸沿いには無数の地域共同体が作られ、そのほとんどは「男所帯キャンプ」と呼ばれた。おもに独身男性が住んでいたからである。ワシントン州とカナダのブリティッシュ・コロンビア州では、樹木は山の斜面から海岸線に至るまで密生する森林で育ち、丸太は最終的に大きな筏に載せられ、川を下ってサンディエゴから船で運ばれ、合衆国東部とヨーロッパに売られた。二〇世紀への変わり目に、木材企業のウェアーハウザーは太平洋岸北西部の広大な森林三六四二平方キロを五五〇万ドルで購入したが、これは合衆国の歴史の中で最大規模の土地譲渡だった。世界で最も生産的な森林のいくつかは、バンクーバー島の南西岸に沿ってひろがっており、いまそこにはカーマナウォルブラン州立公園の境界線がある。

太平洋岸北西部の大森林が木材資源の「安定供給」を可能に

太平洋岸北西部は、合衆国における他の地域の木材伐採にはあり得ないものを提供した。安定供給である。西方拡大の物語は、樹木を「小さな石斧（トマホーク）」で、次には大鋸で、のちにはチェーンソーで、さらには強力かつ効率的な重機で伐る英雄的な人物伝や、起業家たちの親玉の話になっていく。木材企業はプラッド（格子縞の肩掛け）[原注3]を着けた民間の英雄的な木こり、ポール・バニヤン*の伝承を流布させ始めた。森での彼の驚くべき身体能力による妙技は、たちまち語り草となった。バニヤンと彼の偉業の面影が、伐採業者たちのいく先々に見られるようになった。我こそは正真正銘の木こりなりと、その面影はうそぶく。彼らもそのひとりであるように、それは男らしく、独り立ちしていて凄腕をもち、孤独好きな人間像だった。

バニヤンは大勢の者が心の奥底に宿すような、ひとつの感覚を確かなものにした。多くのハンボルト居住者たちが移民の過程で、とてつもない天候や、子どもたちの死や、拡大家族*や、干ばつや、船の難破に耐えて生き残ってきたという感覚だ。ひとたびハンボルトに着き、オリックのような町に家を建てると、屈強さをもって鳴る物語が定着した。自分たちはここで日の目を見たのだ。「世界のほかのどんな場所にも、レッドウッドの仕事をしてる奴ほどやり手で働き者の男たちはいない」。ハンボルトビーコン紙は一九一三年にそうのたまった。明日といわず今日を限りの、ある生産的なアイデンティティが形成された。一人ひとりの伐採業者は、大きな森の隔絶されたキャンプに住んでいる。ある身寄りのない木こりなどは「グースペン」、すなわちレッドウッドの幹をくり抜いた、男一匹暮らすには十分な場所に身を寄せていた。

レッドウッド保全の何より特筆すべき出来事は、この時期にさかのぼる。一九一五年、ナショナル・ジオグラフィック協会会長のギルバート・グロブナー*は、西部を旅して『セコイア』という記録を書き、森を写真に収めた。二年後、三人の自然保護主義者（ジョン・C・メリアム、マディソン・グラント、ヘンリー・フェアフィールド・オズボーン）が、セイブ・ザ・レッドウッズ・リーグの創設につながる陸路の旅に出た。

　メリアム、グラント、オズボーンの三人は、将来のレッドウッド・ハイウェイに車を走らせていた。村全体が集まることができ、宴会場を丸ごとひとつ作れて、文字どおり「切り株スピーチ」をするのに十分なほど大きな切り株を生んだ樹木を見にいくためだった。当時までにイギリス系アメリカ人の実業家、*ウィリアム・ウォルドーフ・アスターは、幹でできた丸い平板や、直径一〇・七メートル、推定樹齢三五〇〇年のレッドウッドでできた木口（こぐち）材を購入しており、イングランドに送っていた。彼はそれで会議用の大きなダイニングテーブルをあつらえることになる。三人はカリフォルニア州北部において彼らを出迎えた、開放的で熱気あふれる伐採に目を見張った。彼らは優生学論者でもあり〔原注4〕、環境破壊と北方人種優位の衰退は相互に関連していると見ていた。原生自然に対する白人男性の支配を神聖視するミッションの一環としてレッドウッドの保護をとらえていたのである。一九一八年にこの三人がセイブ・ザ・レッドウッズ・リーグを立ち上げた後、彼らの視察報告はグロブナーの写真と同様、民間の裕福な個人が木立ちを購入して保護を進めるきっかけとなった。州立公園として、土地というパズルのピースがすこしずつ確保されていった。そうした土地に囲まれた小さな飛び地では、いまだに木が伐採されていたが――。

　三人はミッションのさなか、巨万の富をもつ出資者で石油大立者であるジョン・D・ロックフェラー・ジュニアの側近アドバイザー、ニュートン・B・ドラリーとすぐに合流した。のちのレッドウッド

裕福な人びとがレッドウッドの森を購入して保護を進めた。車のそばに張られた「レッドウッドの森を救え」という横断幕のそばでポーズを取る女性４人
（男性写真家撮影。カリフォルニア州ハンボルト郡ピーター・パームキスト・コレクション。バイネッケ・レア・ブック&マニュスクリプト図書館 イエール・コレクション・オブ・ウェスタン・アメリカーナ）

1918年、富豪ロックフェラーの支援で設立された「レッドウッドの森を救え」の初会合
（カリフォルニア州立大学バークレー校バンクロフト図書館 セイブ・ザ・レッドウッズ・リーグ写真コレクション *BANC PIC 2006.030—B*）

国立・州立公園の設立において、ドラリーはみずからを「良い富と恥知らずな富の投石や矢に耐えた人物」とした。彼の名前はこの地域のほとんどすべての標識に記されている。公園で車を走らせていると、ニュートン・B・ドラリー景勝公園道路へと至る。「国立公園の主たる目的は」とドラリーはあるインタビューで答えている。「森林が差し出す資源を実用目的に変えようとするいかなる試みにも抗うことです」。

富裕層のサポートで発展した保護活動

彼らの抵抗は、富裕層の助けを借りた抵抗である。それは行政の庁舎や、応接間や、プライベートな会合で形成され、特権や権力に接近することを頼みとしていた。ドラリーはレッドウッドの木の下でのピクニックに、大資産家の出資者や発言力のある議員を招いた。彼らの行動は、わずかしか地域に根差していない保全活動を渡りに舟と担ぎ上げる。民間の伐採業者からすこしばかりの土地を買うにも、数億ドル分のロビー活動が必要になるからだ。公園への支援をかき集めるそのプロセスは、そこに生きて働く人々をないがしろにしたかのように遂行されていた。多くの高額出資者は東部に住んでいて、自然保護を「賢明な利用（ワイズユース）」（森林局の初代長官、ギフォード・ピンショー*が初めて用いた言葉）の実行とは見ずに、人間の手つかずの景観を取っておくことだと考えていた。彼らの信念は、一九〇三年五月にグランドキャニオンを訪れ、「あるがままに」（意味するところは「野生」、「使わずにおくこと」、「人の手を加えないこと」）と宣言していたセオドア・ルーズベルト大統領のような人物が抱く信念だったのだ。

とはいえこのミッションを成し遂げるために、セイブ・ザ・レッドウッズ・リーグはひとりの伐採業

カルフォルニア州 レッドウッドの森での伐採。レッドウッドの巨大さがよくわかる
（州立ハンボルト大学図書館 エリクソン・コレクション *1999.02.0337*）

伝統的なユロク族の家。レッドウッドの森を数千年にわたり持続可能なかたちで利用してきた先住民ユロクの人びとも、森林保護のために森の利用から排除された
（州立ハンボルト大学図書館 パームキスト・コレクション *2003.01.3304*）

者を雇っていた。リーグは信頼の置ける北部カリフォルニアの伐採業者で学識者のエノク・パーシバル・フレンチに、森の「クルーズ*」と、残っている原生林レッドウッドについての正確な見積もりを提出させる契約をした。フレンチのこの仕事は、森林で利用可能な木の総量（樹林保護の生態学と経済学の両面での効力を実証する数字）を計算するためにおこなわれた初めてのものだった。フレンチのおこなったクルーズであったため、平均的な森林が一エーカー（約四〇四六平方メートル）あたり約三万〜四万ボードフィートを生産するとしても、レッドウッドの生産量は六万〜六万五〇〇〇ボードフィートであることがわかっている。ブルクリークの地域では、立ち木がレッドウッド一〇〇パーセントであったら、数字*は一エーカーあたり二〇万ボードフィートにはね上がる。

フレンチはまた、保全ロビー活動と森林踏査の二つの世界の橋渡しもした。伐採には、自立や自己充足や巧みな斧使いであることなど、重労働の観念についてまわる一種の美徳価値が染みついている。彼はそれをわかっていた。一七歳の頃にはパシフィック・ランバー・カンパニーで父とともに働き始めていたからだ。時間雇いに縛りつけられながらも、フレンチはひとたび森に入ってしまえば、上司とのあいだに十分な隔たりがあることを知っていた。「私はいつでも外に出て、見つけた木を伐ることができた」と彼は回想する。「だから私はかつてもいまも、森へいけばスプリットランバー用に七本か八本の木を伐る。それで足りなかったことは一度もない」。フレンチは丸太を縦切りにして、線路の枕木用に売ったものだった。これは一ボードフィートあたり四ドル（約五三〇円）の純利益になった。

一九三一年、フレンチはカリフォルニア州北部レッドウッド州立公園の最初のレンジャーとなった。毎朝、道がでこぼこになるまで公園を車で走り、あとは車を降りて公園の境界を歩いた。雨季に道路が水であふれかえると、彼は水位の上がった川で丸太に乗り、切り倒した木で作ったパドルで水を掻くのだった。デルノルト郡からハンボルト郡北部に、レイディーズ・ガーデンクラブが公園への寄付をするために訪れたとき、フレンチは彼女たちを一人ひとり背中におぶって川を渡った（「ご婦人方は嫌がるふうでもなかったよ」と、彼は一九六三年に口承史家のアメリア・フライのインタビューで回想している）。ガーデンクラブは資金提供者で構成されており、公園に永続する池を作って自分たちの名のもとに保護してくれと要求した。フレンチはそれは無理なのだと説明しなければならなかった。レッドウッドは水の流れを断ち切っては生きられない。フレンチは心底、ガーデンクラブの要求には承服できかねた。森林にとっての自然な状態と美的探究とのあいだには、認識のズレがあるようだと彼はいった。

フレンチは伐採業者から資源保護の責任をになう公園監視官へ、ひっそりと転身していた。その頃までに彼はレンジャーになっていたが、レッドウッドは一〇〇〇ボードフィートあたり一〇〇ドル（約一万三二〇〇円）に値上がりしていた。レンジャーとしての二〇年間、フレンチは密採者たちが二〇〇万〜三〇〇万ボードフィート相当の木材、下生えのシダ、そしてユリを取っていったと算定した。「みんな知ってる奴らだった」と彼はいう。「誰とはいわないが。私はここで育ったんだから」。

そしてフレンチは、他にも事実を知っていた。彼はかつて、線路の枕木を売って法外な食い扶持を稼ぐ違法伐採者でもあったのだが、最終的にはその仕事を表立って非難した。「彼らは公園でシカを殺していた。そのことで俺の気がふさいだりはしなかった。シカは存続できてたんだから。だがもし人が木を伐り、木材をいくらかでももっていったら、ふたたび育つのに五〇〇年から一〇〇〇年はかかってしまうんだ」。

「結局、それが俺のここにいた理由なんだよ」。

その後もエノク・パーシバル・フレンチは、盗伐の慣わしを「憐れむべきもの」と評したものだった。

第4章　荒涼たる景観

「彼らは自分たちを職にあぶれた木こりだというんだが、たいがい親も食い詰めた木こりらしかった」
——森林局特別官、フィル・ハフ

林産業労働者と環境保護主義者が連帯して過伐採に対抗

エノク・フレンチのレッドウッド保全活動は、先祖にそのルーツがあった。父は伐採業者で、レッドウッド保全の価値を信じるとともに、伐採の権利も信じていた。フレンチは森林の再生力に信を置いた。つまり洪水、地滑り、下生えの踏みつけといった大きな破壊が、ときにははかり知れない美しさをもたらすような新しい成長につながることもある。「自然が物事を改善するやり方とはそういうもんだ」。彼は歴史家のフライにそう教えた。「あんたが本気で自然の真実に到達したいと思うならね」。

フレンチがレッドウッドのレンジャーだった期間は、労働者と環境保護主義者がべつべつにではなく、連帯して過伐採に対抗した労働階級環境主義のムーブメントと重なっている。フレンチの心情は、二〇世紀初頭以後の談話に影響されている。たとえば伐採業者のチャールズ・E・ハントは、森で暮らしていけるように木こりは職業を選んでいるのだといった。「おそらくどんなロガー*も、きっちりと言葉にはできないだろうが、森の仕事にしがみつくのは樹木を愛してるからなんだ」。

大恐慌の影響のさなか、大統領フランクリン・D・ルーズベルトは森林の皆伐を『国家の懸念事項』と見なし、多くの製材組合が森林保全を呼びかけた。アメリカ国際木材労働者組合（IWA）の会長——ハロルド・プリチェットという名のカナダの屋根板職人でコミュニスト——は、シアトルのラジオに出演し、労働者にとって森林保全とはどんなことかを説いた。長期的に見れば理に適った雇用で、すでに伐採された林地を再造林する機会であり、さらには企業の「伐り逃げ」のやり方では不可能だった地域の未来へのコミットメントでもある。特にIWAはすべての人に、「森で人間がやった仕事と、森が人間のためにやった仕事」をわかってもらいたいのだと、プリチェットは主張した。

しかし第二次世界大戦後、建築ブームと増大した紙パルプの需要が森林保全の前に立ちはだかり、過剰伐採につながっていく。それは「楽観主義管理の陰謀*」の一部であり、この時期には木材が、政府の説くところでは国家の最も重要な資産だった。木材が家庭の暮らしを立て直すのに役立つからである。これは建築業の産業革命の時期であり、規模が拡大し、五〇〇〇万棟近くの新築住居の建築によって国を盛んにしようという呼び声のかかった時期だった。建築ブームは記録破りの伐採量、雇用増加、主流となる伐採方法としての皆伐の出現をもたらした。それは環境破壊という傷跡も残し、環境保全への一層の要求を引き起こすこととなる。

ブームのあいだ、カリフォルニア州の小さな町オリックでは、周囲を取り巻く山々に製材業者とその家族が住むことが歓迎され、町の人口は二〇〇〇人、製材所の数が四カ所まで跳ね上がった。学校のクラスの規模もそれにふさわしく拡大し、より多くの教師が雇われた。税金をふんだんに支払う製材業者もあり、町がその一社の成功だけで運営できるほどだった。そこは絶えまなく住民が流動するコミュニティであり、ハイウェイ沿いにはモーテルがきれいに立ち並び、伐採業者のいで立ちの人々が「たえまない人の流れ」で足繁くモーテルを利用していたのを覚えている人たちもいる。「オリックに必要なものは時間だけだ」と、ひとりの住民が当時の取材レポーターにいった。川のほとりは一時的な野営の場となり、一家がテントの中に暮らした。「われわれ住民のなかには、木のへこんだ穴の中や古い板の下に暮らす者もいた。でもあのブームの頃にはどの町もそんなもんだった。めまぐるしかったんだ」。

人々の大量流入に混じって町へやって来たひとりに、ジョン・ガフィーという名の男がいた。ガフィーは伐採を始めた頃——兄弟たちのいるところで父から聞いていたのだが——良い木こりになる方法を学べば、決して食いっぱぐれることはないと教わった。彼はカリフォルニア州北西部で九人の兄弟とともに育ち、伐採業は暮らしの一部だったため、思えばその仕事はいつのまにか身についていた。「そこが理想ってもんをつかむ場所だ」と彼は説く。「生活体験だよ」。

しかし結局、伐採業はカリフォルニア州北部では衰退し始め、彼は一九五五年にハンボルト郡へ移った。伐採の仕事を見つけた兄弟のひとりについていったのである。ガフィーは結婚し、三人の息子と一人の娘をもうけた。彼の妻のキティは強靱な女で知られていた。体重は五〇キロあるかないかだったが、大槌を放り投げるところをしょっちゅう目撃されている。伐採業者たちの監督としてのガフィーの仕事は、ハンボルトの大きな木材会社から次の会社へと移っていった。ハモンド・ランバー・カンパニーに次いで、ジョージア・パシフィック、そして最後がそこからの独立新会社であるルイジアナ・パシフィックだった。彼は伐採器具のうえに腰かけて、おむつをした自分の赤ちゃんの写真を撮った。のちに彼は、息子たちがフットボールでポップワーナーリーグ入りをする契約をした。またのちに伝道師となり、結婚式を執りおこなう仕事もした。

しかしジョン・ガフィーがやって来てまもなく、オリックの町の地理は永久に姿を変えてしまう。

建築ブームと過剰伐採による荒廃

メイクリークの流域は、レッドウッドの繁るプレイリー・クリークとレッドウッド・クリークの流域を形成する広大な幹線水路を結び合わせている。これらの幹線水路はハンボルト郡の生態系として機能しており、そこではレッドウッドが根を張る大地と同じく、水もまたレッドウッドに欠かせないものとなっている。レッドウッドの幹はまっすぐに天を衝き、岩だらけの海岸に沿ってカーブを描く霧のおかげで葉の湿潤が保たれている。海岸のレッドウッドは丈が高いため、根で吸収された水分が樹冠の高みにまで達しないことがよくある。そこでレッドウッドは、乾季には強いどしゃぶりを当てにするのと同じく霧にも依存する。葉が水分や、窒素のような栄養分を吸収するからである。このような葉のおかげで、木の根には地下水を蓄えさせておけるので、河川地域を乾燥から守れる。干ばつのときでさえ、木は林床のうえで腐っていることが多く、またそれが森全体の生物に水を供給することにもなる。とはいえ、いつも人の往来があり、自然のリズムを超えた侵害があると、森は繁栄しないということの強力な証拠がある。レッドウッドの森にはかなりの交通量があったのだ。

全面伐採のあいだに表土は失われ、小川はブルドーザーで均らされて道路になった。ガフィーがハンボルトに来た頃には、このプロセスが壮大なスケールで進んでいた。ハンボルトの森林では、根のシステムがもはや大量の年間降水量を蓄えられなくなっており、水路はあふれ始めた。寸断された根は二次的成長もできず、突っ伏してくる低木で大地が不安定になり、丸太を運ぶための森の深みへの道路建設で、土壌浸食と森林環境の崩壊が早まった。一九五五年一二月、三日で水かさ六一センチとなった大雨がカリフォルニア州北東部を浸し、強風で小枝や太枝がずたずたにちぎられる。それは山腹を荒っぽい勢いで吹き降ろす強風によるもので、オリックの町にも吹き込んだ。

雨が降り続くにつれ、地面はみずからの重みに耐えうる力をうわまわるまでに重たくなる。地滑りを起こして樹齢一〇〇〇年のレッドウッドが倒れ、この地域を沈積砕屑物（さいせつぶつ）と泥が覆った。ある住民などは、「家全体が材木トラックに激突した」が、それによって家が押し流されずにすんだと回想している。地区のひとりのレンジャーは災害後の森林を、「山肌の剝きだしになった荒寥たる風景」だったと表現している。

しかし洪水後も森林伐採の勢いは衰えなかった。一九六四年、豪雨がふたたび山を襲い、またも強烈な洪水が町を一掃した。これがきっかけで、シエラクラブやセイブ・ザ・レッドウッズ・リーグを含む環境団体は非常事態と認識するようになり、地域における皆伐をやめさせる保全対策の法制度化を望んだ。その洪水は、産業伐採の悪影響のきわめて視覚的で情動的な表れ方を示していたので、環境団体は国立公園の設立を必要とした。

ガフィーによれば、二度目の洪水の直後、そして彼がハンボルト郡に移ってから約一〇年後、彼はルイジアナ・パシフィック社の会合にいき、同社の土地の一部を国立公園に変えるという提案を聞いた。*

ガフィーは憤慨した。「どうせ他のもろもろといっしょくたに、政治屋の連中が独りよがりに出すだけの法案だ。世のなかのための法案じゃないと思ったよ。人から仕事を取り上げておいて、これは皆さんのためですというやつさ」。

国立公園設立のためのロビー活動が意欲的に開始されていた。一九六八年四月のカリフォルニア州北部ツアーのあいだ、米国議会国立公園・レクリエーション委員会分科会の膨大な意見交換が記録された。[原注1] 四月一六日、オリック・モーテルの経営者ジーン・ハグッドは分科会議長のまえに座り、ツーリズムによって増大する国立公園の収益を、市況に左右される木材のためにではなく、もっとサスティナブルな町づくりのために用いるべきだと強く述べた。ただし彼女は、保全活動のためにキャンドルを捧げもつわずか数名の地元住民のひとりだった。シエラクラブのメンバーは、ハンボルト郡の地域支援者と会合した際、住民のプライバシー保護に気を遣い、車を慎重に数ブロック離して停めた。住民の主張に自分たちも共感していることを知らせるためである。

レッドウッド国立公園の誕生

木材のカットブロック（以前は伐採が許可されていた区画。私有地もあれば森林局が管理するものもあった）を移転する提案は、評判がかんばしくなかった。ハグッドが国立公園への支持を宣言したのと同じ公聴会で、彼女の近隣住民メアリー・ルー・コムスティックは、もしオリックの近くの二カ所の製材所を閉鎖したら、町の農場や牧場に損害が出ると声を上げた。地元の多くの労働組合が、国立公園にまたも猛然と抗議した。彼らは牧場経営者のロン・バーロウを含めた組合員を派遣し、「われらの仕事を停めるな」のスローガンを掲げた看板をもたせ、あるいは「林業家庭――絶滅危惧種」と添え書きして樹種の絵をあしらったTシャツを着せ、国立公園の協議会でピケを張らせた。公園の建物内の管理人としての仕事からは、決して給料や伐採作業の機会は得られないと彼らはいった。小委員会はワシントン州の森林官から警告を聞いた。森林官はオリンピック国立公園（一九三八年に指定され、面積は三七三四平方キロ）を、来たるべき状況の予兆と見ていた。「公園のまわりの町や村々は、州全体よりもはるかに低い経済成長と人口増加を示してきた」と彼は注意をうながした。

こうしたすべての反論に直面し、合衆国内務省はオリックのように影響を受ける自治体への財政的救済措置を提案した。セイブ・ザ・レッドウッズ・リーグは、伐採業をしてきた自治体が失うぶんの産業収入を観光によって埋め合わせることができるまで、政府はその自治体に損失分の税金を補塡し、縮小する財政基盤への援助を与えるべきだとアドバイスした。しかしリーグの執行役員であるニュートン・ドラリーは、のちに「〝伐採自治体〟がすっかり以前に戻るかどうかは重大な問題。その地域での観光産業には限界があるし、また当然あるべきだ」と認めた。かわりにオリック商工会議所は、食物販売の特権や、飲食業の園内設立を要求した。それによって来園者が町にキャッシュを落としていくようにである。

公園の議案は二年がかりで議会を通過し、最終的にはレッドウッド・クリーク沿いの約七二平方キロと排水路を含むレッドウッドの土地二三四平方キロを保護することとなった。レッドウッド国立公園は、公式には一九六八年一〇月二日に指定され、公園の境界はオリックの町の境界にぴったり沿って区切られた。要求どおり、キオスクやキャンプ場は公園境界線内には作られず、それは来園者が車の給油や、テント張りや、食事のための立ち寄りなどはオリックの町でおこなうべきことを意味した。

レッドウッド国立公園という歴史的遺産の設立は、私有地を公園に組み込んだ連邦政府の前例に倣い、地域の市町村には迷惑を及ぼさぬよう、私有地は公有地の方に組み込んだ。

企業は失った収益を補填されたが、労働者たちへの直接の政府救済はおこなわれなかった。製材所は公園の外へ土地を押しやられると閉鎖し、伐採企業はこの地域から出ていった。残った企業は、観光客の車に給油するガソリンスタンド、宿泊を提供するジーン・ハグッドのモーテルなど、おもにサービス提供を基本とするものだった。レディ・バード・ジョンソンは、次のひと夏のあいだ公園のために献身し、原生林レッドウッドの立木地には彼女の名前がつけられた。

伐採業者のジョン・ガフィーは、残っている森林に作業場を囲い、自分の製材会社を立ち上げた。

カウンターカルチャー、「大地へ帰れ運動」の理想と現実

一九六八年をオリックの経済問題が始まった年とする人もいるが、それはゆるやかな変化の始まりにすぎない。その後数十年にわたり、慢性的な失業、建築業の落ち込み、一九八〇〜一九九〇年代に太平洋岸北西部で勃発する木材紛争を前にくすぶっていた反体制的感情へと、その変化はひろがっていった。

国立公園と並んで、一九六〇年代と七〇年代初期には、ヘイトアシュベリー*のヒッピードリームが燃

え尽きた余韻のなか、多くの人々がカウンターカルチャー・ムーブメントのひとつとして北へ押しかけた。彼らはアーケータやガーバーヴィルといった都市に、衰えゆく伐採村落や、空きの多い宿泊施設や、小さなコミュニティを見ていた。これら多くの新居住者たちは、「レッドウッド・カーテンを裂く」、つまり外部のものを引き入れることによって文化的な孤立を和らげると信じていた。ハンボルト郡南部は、まもなく「ソーハム」（のちにはすっきりと「シャム」）と呼ばれたところだが、新しい土地利用の動きのなかで自分の土地所有権を主張するには恰好の地となった。作家のデイビッド・ハリスは、ハンボルトには二つのタイプの人々がいると見ていた。「海兵隊から脱け出したばかりのような連中と、グレイトフルデッドのコンサート会場をあとにしてきたような連中」である。

ハンボルトに関する著書のなかで、バークレーの元政治活動家ジェントリ・アンダース（シャムに住み、カウンターカルチャーの優勢な立場から地元新聞の編集長に膨大な投書を送った）は、当時のハンボルトが「巨大な亀裂」を経験していたと書いている。カリフォルニア州北部が製材所の閉鎖で経済理由による大移住をするようになり、ハンボルト郡やメンドシーノ郡の「大地へ帰れ運動[*]」活動家たちは「以前は未開発だったすべての流域に」定住することができた。彼らは着くなり、自分たちが逃げ込もうと望んできた自然界にどれほど産業が影を落としているかを目の当たりにした。水道は伐採地で使用された除草剤によって汚染されていた。彼らの優先するものに対し、伐採地周辺で猛威を振るうキャピタリズムが真っ向から立ちはだかっているのを彼らは嘆いた。アンダースにとって、ヒッピーと木材労働者をいっしょくたにするのは「わやくちゃ」なことだった。カウンターカルチャーのもとに定義された新しいコミュニティ（そしてその理念）が、かつて確立されて繁栄し、天然資源採取という気まぐれな考えに苦しめられたコミュニティにみずから同化しようとするようなものだ。

同じ頃、多くの環境保護派は、一九六八年のレッドウッド国立公園創設によって保護されてきた森林の総量に納得できていなかった。一九七六年、内務省はこの公園を拡張し、もうすぐ伐採されることになっていたレッドウッド・クリークの最上流一九四平方キロの土地を保護する提案をした。過去一〇年間でその土地にできていた小さな自然公園や、浮島のように水面から出ている面積も足し合わせれば、提案された拡張によって公園の面積は増え、四二八平方キロの森林保護となる。かつて森林が伐採された土地の再生も可能になる。

ハンボルト郡の林業地域は、以前よりも多くの製材所が閉鎖される見通しに直面していた。もし自然公園の拡張が実施されれば、伐採や製材の仕事をしていた六一一人を含めて、一三〇〇人以上の人が職を失う見通しとなる。そして一九六八年にも失敗していたように、観光業は木材産業の欠損分を補うことは期待できなかった。一九七〇年代に毎年四〇万人の観光客がレッドウッド国立公園を訪れる推定だったが、多くがオリックのような町は素通りし、まっすぐに公園へと車を走らせた。かわりに観光客たちは、レッドウッド・ハイウェイの待避所やショートハイキングコースの起点で車を停めるのだった。

木材企業、運送業組合、伐採業者たちは、公園拡張に抵抗した（「木から仕事は生えて来ない」というのが、その地域に急増し始めた看板に書かれた評判のスローガンだった）。公共のイベントでは、講演者たちが公園と政府の代表者たちに、「われわれに福祉を担わせるのではなく、国民福祉のために働いてもらいたい」と嘆願した。投資会社であるアーケータ・ナショナル社の取締役ウィリアム・ウォルシュは、合衆国上院の委員会で「レッドウッドにつきものの冷気と雨と霧のせいで、この地域は休暇中の旅行客にとって魅力的とはいえない」と言い切った。

地域に残存する伐採企業は、政府から公園拡張の影響を軽減するための財政手当をまたしても提示された。このあたりの時期には、再訓練、雇用定着、地域経済開発への追加的な資金が割り当てられていた。政府は以前の伐採業者と製材労働者の雇用を約束しつつ、三三〇〇万ドル（約四三億六〇〇〇万円）の資金投入をコミットした。林業で職を失った人々に収入と手当を提供するレッドウッド就業者保護プログラムには、さらに二五〇〇万ドルが準備された。森林局は、シックスリバーズ国有林付近での伐採業の増加を検討するよう要請された。とくに内務省は、公園拡張の結果として職を失った人々に、公園内の六〇の職を充当するよう指示を受けた。

こうしたオファーのどれも、伐採業者の世帯の不安を大して和らげるものではなかった。内務省長官のセシル・アンドラスは、公園拡張の社会的な副作用を予測していた。「私たちが抱えることになる問題は、個人に関わるものです。たとえばある人が五〇歳、五五歳になったとき、成人後の生涯の大半が森でのキャットスキナー*だったとしたら――。その人はその地域の小さな町のひとつに一生住み続けていて、職業訓練も移住も難しいでしょう」。

大型トレーラーでコンボイを組み、首都へ

勢い盛んなりしハンボルト郡の伐採業者たちは、一九七七年までには自分たちの声が内務省に届いていないと感じていた。それならばと彼らはトラックのコンボイを組み、ユーレカからワシントンＤＣまで走行した。自然保護的な言動を贔屓していると彼らが感じていたメディアの力は借りることなく、自

分たちのメッセージを広く伝える旅である。オリックの住民は、スパゲッティディナー、バーベキューランチ、ラッフル（宝くじ）を催して旅費を集めた。立ち枯れしたレッドウッドを倒し、トラックの荷台に積み込む。「これは死活問題なんだ。それを人々にわからせるためだった。同じことが数年後には現実に起こる。活かされず、消えてゆくことが――」。退職した伐採業者のスティーブ・フリックは、オリックの自宅でそう説く。

「トーク・トゥー・アメリカ」のコンボイは、一九トン積みの赤いセミトレーラーに率いられ、ピーナッツ型に彫られた全長五・七メートルの巨大なレッドウッドを引っ張っていた。最終目的地は、この木彫りのピーナッツをピーナッツ農家出身の大統領ジミー・カーターに見せる場所である。「あなたにとってはただのピーナッツかも知れないが、俺たちにとっては仕事なんだ」とトラックのプレートに書かれている。「いくらなら十分ですか?」とも。

車列は一九七七年五月にユーレカを出発し、ワシントン州、オレゴン州、アラスカ州からのトラックドライバーたちと合流した。旅は九日かかった。途中、彼らはリノ、ソルトレイクシティ、デトロイト、その他の都市で車を停め、市街地に人々を集めてレッドウッドの苗木を手渡しながら、公園拡張に反対する自分たちの言い分を訴えた。しかしハイウェイではたっぷり足止めを食らった。コンボイの旅は、ドライバーたちに向かって中指を天に突き立て、罵声を浴びせる人々によって何度も中断させられた。「彼らはまるっきり反対していた」とフリックはいう。「何事もとことん封じ込めなきゃ気が済まない」。

ワシントンDCに着くと、伐採業者たちは作業着とヘルメットを着けて連邦議会議事堂の石段に集まり、抗議集会を開いた。トラックを議事堂の外に停車させ、「大統領への贈り物」という言葉を掲げた。

大きなレッドウッドの塊を積んだトラックを停めていると、スプリンクラーで彼らに水を浴びせる人々もいた。カーター大統領はふたりの補佐官を送ってよこし、伐採業者のスピーチを聴取したが、巨大ピーナッツの贈り物については受け取りを拒んだ。不適切であり、アメリカの貴重な資源の無駄づかいで

国立公園拡張反対という伐採業者の声を届けるため、巨大なピーナッツ型に彫られたレッドウッドを大型トレーラーに積んでワシントンDCに向かった「トーク・トゥー・アメリカ」のコンボイを記念したカレンダー。当時の大統領ジミー・カーターはジョージア州のピーナッツ農家出身だった

（デイヴィッド・A・ボウマン『アメリカン・フィールド・トリップ』より）

もあるとのことだった。「この木の非実用的な使い方がいままでにもあった」。カーターの特別補佐官スコット・バーネットはグループにいった。「われわれはこの木で作られた実用的な何かが見たい」。

かくしてフリックは、コロラド州経由の帰路をいく木材輸送トラックを運転している自分が「とんでもなくムカついて、疲れている」のに気づいていた。そのとき一台のフォルクスワーゲン製小型トラックが、ハイウェイで彼の横につけてきた。小型トラックの運転手は窓からフリックに中指を立て、怒号を浴びせかける。フリックはふだんならそうした輩はやりすごすのだが、前を走っていたトラックのドライバーがCB*ラジオでけしかけてきた。「やめてほしいもんだな。奴らを止めよう」。二台はあいだに小型トラックを挟み、道をふさぎながらスピード走行を強いた。

フリックのトラックが側溝へと横すべりした。助手席にいた妻が悲鳴を上げた。そこで二台はちょっと手を緩め、小型トラックを解放してやった。しかし山のふもとでコンボイは、テレフォンボックスの近くに停まったその小型トラックに今度はうしろから追いついた。フリックの前のトラックの運転手は車を停め、出てきてバックフレームのところまで歩いていくと、バックフレームを使って身体をスイングさせ、ボンネットに飛び乗って小型トラックのフロントガラスを蹴破った。気がつくとコンボイは、コロラドからの帰り道を警察に連行されていた。

とどのつまりに、公園拡張は反対をよそに進められていった。シエラクラブやセイブ・ザ・レッドウッズ・リーグといった団体は、大衆の罪悪感を利用し、より一層のレッドウッド保護に向けた都市部の支援者たちの熱狂を勝ち得た。森林社会学者のロバート・リーは、自然に対して都市居住者たちの方が地方居住者よりもうしろめたさを感じやすいといい、そのことが自然への共感よりもむしろ、自然との

「トーク・トゥー・アメリカ」コンボイの一環として1977年、ワシントンDCにトラックで搬送された通称「ピーナッツ」。いまはオリックの海岸区域の店「デリ＆マーケット」の店外にある
（デイヴィッド・A・ボウマン『アメリカン・フィールド・トリップ』より）

断絶を招いているとした。「都市居住者は、樹木を不滅や持続性のシンボルと見る向きがある」とリーは自分の研究で書いている。地方居住者はこれとは逆に、「自然を愛することと木を伐ることとのあいだの対立感情を抱えたまま生きられる。それが人生ってもんさという認識なのだ」。

「人々は（レッドウッドを）ほとんど宗教感覚でとらえてるんだ」。のちにシエラクラブ理事のエドガー・ウェイバーンは、歴史家のアメリア・フライにそう語った。「私はこれこそ他のどんな要素にも増して、われわれが（公園拡張を）やりとげられた理由だと思う」。

レッドウッドのピーナッツは、いまでもシヨアライン・デリの店の外に鎮座している。すこしずつ雨に腐り、地面に崩れ落ちながら。闘いの名残のピーナッツだ。

第5章 闘争地域

「糞ったれ。困ったもんだ。奴らは全部奪ってく。俺たちは全部失ってく」

――クリス・ガフィー

「森林闘争」と「木材紛争」

一九八二年一〇月、デリック・ヒューズはネバダ州スパークスで、リン・ヒューズとデニス・ヒューズのもとに生まれた。デリックが赤ん坊の頃に両親は離婚し、デリックと姉は母親リンといっしょにサクラメントへ移った。リンはそこで親との同居家族になった。サクラメントにいた頃、リンはラリー・ネッツと出逢って結婚し、その後は幼い子どもたちの子育てをネッツが助けた。ふたりはまかなえる生活費での暮らしがしたいと思い、一九九三年（デリックが六年生になった頃）に一家でカリフォルニア州北部に移り、アーケータに身を落ち着けた。

レッドウッド国立公園の拡張から一〇年以上が過ぎていた。一九九〇年代初頭の米国会計検査院調査では、ハンボルト郡で導入された経済・雇用プログラムが機能していないと報告されていた。報告書によれば、受給資格のない給付金を多くの人が利用しており、給付金のせいで労働者たちが新たな求職に前向きにならないのかも知れないとのことだった。再訓練プログラムには遅れが生じていた。[原注1] 一九八八年までに、およそ三五〇〇人のために一億四〇〇〇万ドル（約一三七億円）が支出され、職業訓練を受けたのはそのうちの一三パーセントに満たなかった。この地域でそのときまでに起こっていたいかなる経済回復も、年金受給者の大量流入によるものとされた。「こんなに少ない人々に、こんなに多くの手当がついたことはない」という財政批判ももち上がった。

経済の大変動に突入した過去一〇年間、太平洋岸北西部が後押ししたものを報告書は確証していた。国立公園拡張の二〇年後、「木材紛争（ティンバーウォー）」と呼ばれる争いが太平洋岸北西部にひろまるのである。カナダでは「森林闘争（ウォーインザウッド）」として知られることとなり、バンクーバー島のクレイクオット・サウンドでの大詰めと、ハイダ・グワイの群島での抗議によって闘争はクライマックスを迎えた。デリック・ヒューズはすでにハンボルト郡に移っており、地域一帯で怒り心頭に発するのをちょうど目のあたりにした。

一九八〇年代初頭の景気後退期には、建築需要の落ち込みが経済の混乱と伐採業界のレイオフを引き起こした。オレゴンの失業率は、一九八二年には二〇パーセントに達した。この地域の伐採企業は労働組合との合意を破り、時給を引き下げた。各世帯は社会の不安定化とともに、家計の見通し不安にも見舞われた。一九八三年、失業とその影響に関する調査は「統計は人なり」ということを思い知らされるものだった。

一九九〇年に絶滅危惧種法で北部のニシアメリカフクロウが絶滅危惧種に指定されたとき、経済はまだ景気後退から立ち直り始めたばかりだった。生態系の健全さの指標として活用されていたこの小さな鳥とのあいだで、バイオリージョン*を部分共有していたカスカディア〔別注〕の伐採地域コミュニティは行き詰まった。北部のニシアメリカフクロウは、生存のために広大な面積の原生林を必要とし、一九六〇年代と七〇年代の開発伐採による原生林の減少は、この生物種に甚大な危機をもたらしてきた。伐採企業にとって、新しい成長サイクルをうながすために植林プロジェクトを稼働させるのはごく一般的なことだったが、ニシアメリカフクロウはなぜこの植林の取り組みで森林が育たないかの最適な見本となっていた。二次林の土地にはほとんどの場合、成長が速く収穫が比較的早いベイマツのような樹種が単一で植林される。しかしニシアメリカフクロウは（他の種、とくにマダラウミスズメと同様）、原生林にしか生息しない。それらは胴回りの太い木の中にこしらえた穴に営巣することを好み、高く聳える木は獲物を上から捕獲するのに格好の環境を作るのである。

〔別注〕コロンビア川流域とカスケード山脈周辺地域。カスカディアのバイオリージョンは、カリフォルニア州北部からアラスカ沿岸部のあいだにひろがっている。

ニシアメリカフクロウの生息環境を劣化させる樹木伐採は、そういった観点から禁じられていた。このフクロウが枝から枝へ飛び回るのを見た伐採者は誰でも、仕事の手を止めて報告するのが義務だった。この鳥はワシントン州、オレゴン州、そしてカリフォルニア州北部における環境活動のマスコットとなった。もしあるがままに残せたなら森林はどうなるか。それをニシアメリカフクロウは体現していた。

そして絶滅危惧種としてのニシアメリカフクロウの位置づけは、伐採を食い止める戦術として法的訴訟を（抗議やロビーキャンペーンとともに）用いはじめていたシエラクラブのような団体にとっては天の恵みだった。このような訴訟——森林局や民間企業に対する——は、判決が下るまでは伐採が中断される。労働史の歴史家エリック・ルーミスは、このことで環境活動家と伐採業者のあいだの「ありがちな確執が減った」と論じる。仕事がなくなることで最も煽りを受けるのは伐採業者だからである。

カナダの歴史上、最大の民衆抵抗

同じ頃バンクーバー島では、ゆくゆくはブリティッシュ・コロンビア州を代表する公園となる森林でこれと似たような闘争が勃発していた。一九七〇年代中頃、州の森林利用法は島に残る森林の大部分の管理を数社の企業に引き継がせていた。一九八〇年代に皆伐が増加してきたとき、広範囲の環境への痛手が結果として生じた。たとえば林業労働者は野外作業のあいだ、皆伐は「巨大な窯のよう」だと気づいた。やたらと暑いので、新しい樹木の成長につながるとはとてもいえない。「俺たちのなかには、木が伐られすぎていることに一〇年も前から気づいてる奴もいた」と、当時ひとりの伐採業者がいった。「しかし誰ひとりおかまいなしだった。俺たちは何の影響力ももたなかったし、俺たちの警告になんぞ耳を貸す奴はいなかった」。

一九九三年四月、州政府はクラークワット・サウンド地域の伐採業のための計画を発表した。原生温帯雨林地域の三分の二が公共伐採契約に対して開放される。これに対して環境保護派が募らせた抵抗は、夏のあいだにエスカレートし、推定一万一〇〇〇人が五カ月の抗議行動に参加して同年秋まで続いた。

それはカナダの歴史上、最大規模の民衆抵抗となった。

森林闘争は、ショッキングな環境破壊と心くじく失業が重なって起こった。一九八〇年から一九九五年までに、伐採業の仕事の二三パーセントが失われた。同時に生産量は増加し、皆伐が森林に穴を空けた。労働者と環境保護活動家は、たがいに角突き合わせた。業界と関係者のタスクフォースが形成されたが、多くの場合すぐに解消した。議論の公開中も伐採が継続され、環境活動家たちが退く場合もあった。子どもたちを森で働かせたいとメディアに語る伐採業者たちからの逆抗議もあった。大規模なストライキをする会社もあった。一万五〇〇〇人の木材労働者が参加し、ブリティッシュ・コロンビア州の歴史上最大の抗議となった。

島内の小都市と森の中の町のあいだには、憤りや軽率な判断をかき立てるには十分な地理的隔たりがあった。最も声高な環境活動団体のひとつ、フレンズ・オブ・クラークワット・サウンドは美しいトフィーノの町に本部があったが、そこでは住宅価格が労働者階級伐採業者の町ユークレット付近の二倍だった。ユークレットの失業率は、管理職が多く伝統的に中流階級以上であるトフィーノの二倍以上だった。トフィーノとは対照的に、ユークレットでの仕事は工業ないし製造業だった。この二つの地域共同体は、労働者と環境活動家の大きな格差を示すようになった。

国際環境団体グリーンピースが反対派への関与を強め始めると、緊張は高まった。グリーンピースは外部の反対者として活動し、伐採反対渉外キャンペーンに便宜を図った。地元民は伐採業者たちの立ち位置を尊重していないとしてグリーンピースを批判し、バンクーバー島にいるグリーンピースのメンバーの中には、最終的にグリーンピースの反対運動に共感しなくなり、人々を就労させないようにしている抗議活動から身を引く者も現れた。ヌーチャーヌルス・カウンシル（伐採をやめさせるために活動していた）のリーダー、ネルソン・キートラは、討論のなかで「まさしく高見の見物だ」と多くの活動家たちを咎めた。グリーンピースの取り組みは成立し得るどんな協力関係をも妨げる、とキートラは追及した（グリーンピースはのちにキートラの言い分が伐採企業に買収されたものだと主張した）。

抵抗派は、封鎖地点で木の梢や伐採地への入り口にキャンプを張っていたがつまみ出され、撤収を余儀なくされた。最終的には九〇〇人以上の人々が逮捕された。しかし抵抗派はブリティッシュ・コロンビア州政府に対し、クラークワット・サウンド地域の島々の森林を三四パーセント保全するよう圧力をかけることには成功した。

こうしたすべてのことは、広い意味での太平洋岸北西部社会の概念が急速に変化していた時期に起こっている。ポートランド、シアトル、バンクーバーは、輸送業や重工業や貿易ビジネスよりもハイテク産業を誘致していた。その変化は学術的な意味だけでなく、哲学的・倫理的な変化でもあった。多くの人々は便利な労働者から、道徳とは無縁といわれる力へと、世の中の人気が急速に移るのを目の当たりにし、葛藤していた。木材労働者は、彼らをまっとうに扱わないことの多い法人と金銭とのあいだで身動きが取れなかった。彼らには主義主張よりも仕事が大事だった。

こうした変化のあいだも組合員を導くという課題を抱えていた労働組合は、企業の過剰伐採に対する未然の警告に対応するよりも、労働者の伐採反対派への怒りを煽ることを選んだ。しかし現実には、木材産業の雇用は過剰伐採も含む多くの理由で減っていた。木材企業は林業労働を機械化していたし、原木丸太は製材のためにアジアへ輸出していた。木材産業は二〇世紀初頭にはワシントン州の労働者の六三パーセント、オレゴン州の労働者の五二パーセントを占めていたが、その後数十年間は雇用が一様に目減りし、一九五五年までにはすでに数万人の雇用が失われていた。一九九〇年代半ばまでには、オレゴン州の伐採業で収入を得る人が人口のわずか六パーセントだった。テントやキャンピングカーで生活していた伐採業世帯でも、この地域とのつながりを感じており、外への移住には抵抗した。さらに彼らは再訓練を受けるには高齢すぎ、多くが中卒だった。

　大面積皆伐企業は、伐るのがベイマツであれ原生林レッドウッドであれ、この変化の中心にあった。一八五〇年から一九九〇年のあいだに、伐採が原因で九五パーセントのレッドウッドが姿を消した。一九八五年、ヒューストンの実業家チャールズ・ハーウィッツはパシフィック・ランバー社の吸収により、ハンボルト郡の多くの面積の原生林レッドウッドを購入した。それによって彼は地域に残っているレッドウッドのほとんどを所有することとなった。ハーウィッツのパシフィック・ランバー社買収は、*ジャンクボンドで資金調達され、同社は投資収益を素早く上げるため、商業伐採を二倍に増やし、資産を売り払い、林地を択伐から皆伐に変更したのだった。ハーウィッツと息子たちが買収後わずか数週間で「伐採ショー」に見入っており、彼らの真下の斜面ではレッドウッドの木立ちが丸裸にされているのを一枚の写真が示している。失われゆく貴重な資源に無頓着なこの禿げ頭の人物は、環境擁護派たちに衝撃を与え、この地域の大規模な示威運動を引き起こしてしまった。非難の言葉が炸裂する。伐採業者たちは、皆伐と同様に森林の業務にも、消滅寸前の生活手段の不当な奪取にも、森林に関する見当違いなロマンチシズムの流布にも抗議した。

　一方、ハーウィッツが育てていた国内市場とはべつに、もうひとつのレッドウッド市場ができつつあ

巨大なバールが幹のなかほどで発達した道路の近くのレッドウッド。バールは高級材として高値で取引きされる
(州立ハンボルト大学図書館 パームキスト・コレクション *2003.01.1731*)

1990年レッドウッド・サマー抗議集会でのジュディ・バリ（左）と
ダリル・チャーニー（中央）
（ユカイア・デイリー・ジャーナル〔カリフォルニア〕提供）

った。ヨーロッパで、レッドウッドのバールが家具や高級車の華美なコンソールに加工され、需要を急速に高めていた。バールとはレッドウッドの幹や林床近くの根もとにできる、こぶしのような形をした、中身が密で、木目は、泡が湧き立つように見えるもので、根のまわりを覆っている。最も大きなバールは根の近くの地下で育つ（そして最も印象的なバールの標本は、一九七七年に刈り取られたもので、周長一二・四メートル、重量五二五トンを数える）。それぞれのバールの内側には、なめらかで節のない樹種が数千年にわたって進化させてきたDNAをたくさん含んでいる。バールはとても美しいので、ステインを塗る必要はなく、ただ磨けばいい。

伐採された立ち木の切り株の根もとに残るバールをすべて収穫するという契約を伐

採企業と結んでいる伐採業者たちは、つるはしを森にもち込み、木の幹の基底部のまわりを掘り、まるでガーデニングのタマネギのように地下で盛り上がっているふくらみに目をつける。業者たちが掘削機を使い、木や切り株を地面から切り離すと、根は音を立てて断たれ、鋭い音とともにめくれかえり、根茎とそこにくっついたバールが引き出される。

バールは茎や芽で覆われていることが多い。レッドウッドが地上に倒れたり、根から切り離されたりするとき、新しい苗木の種を蒔いたり芽を出したりしてレッドウッドの小さな一部分を再生させるために、バールの出番となる。樹木研究者で歴史家のオリバー・ラッカムが「ウッドランド」誌で明らかにしたことによれば、レッドウッドのバールは恐竜に食べられないための適応として進化を遂げてきた可能性があるという。「ただし強大な恐竜も、この巨木には何もできないだろう」と彼はいう。

伐採業者はバックホーやパワーショベルでバールを引きつかみ、チェーンソーによる伐採や刈り込みをおこなった林床へとそれを引きずっていく。ドイツやイタリアの輸入業者たちが、こうしたバールを吟味するために渡航してくるのだが、ある伐採業者は「年寄りの金持ちがバールのまわりを歩いて、買いたいと思うバールを選んでいた」と回想する。一九九〇年代初頭、バールは一キロあたり二〇セント（約二六円）で売れていたが、五ドルで売れた例もある。重量六八〇〇キロのバールであれば高額の稼ぎになる。一台四五万ドル（約五九〇〇万円）もする自動車の製造企業や、一度に一〇〇トンのバールを買って帰ったりするバイヤーにバールが売られることも珍しいことではなかった。伐採業者が回想するには、許可された分以上のバールを土地所有者に告げることなく伐り、利益は自分のものにしてしまう伐採チームもあったという。

「母なる地球の敵に妥協せず」——アースファースト！の活動家たち

かと思えば木材紛争では、ダリル・チャーニーのような抵抗者たちもいた。彼はマンハッタンからオレゴンへ移ったあと、南へ向かってカリフォルニアのガーバーヴィルに落ち着いていた。一九八〇年代にハンボルト郡にやってきたとき、彼は土地のまわりでおこなわれた伐採に怒りをつのらせるヒッピーのコミュニティに加わった。チャーニーはハンボルト郡の反伐採運動の口ききとなっていく。運動家たちは「オーク&リバー」とか「ハーモニー」といった呼び名を用いていた。なかでも最も有名な「バタフライ」のジュリア・ヒルは、パシフィック・ランバー社の地所でみずから「ルナ」と名づけたレッドウッドの林冠に何年も住んでいた。

「樹木を抱く者（ツリーハガー）」［原注2］と呼ばれるこうした異議を唱える人々は、センチメンタルな自然保護派と見られていた。一方、落ち着いた伐採コミュニティでは不信感をもって見られた。多くの伐採業者たちが、抗議者たちはよそから「連れてこられて」何にでも反対する人々だと見ていた。チャーニーはもうひとりの活動家グレッグ・キングに、自分は鉈（なた）で伐られるときの樹木の痛みを感じることができると語ったことがあった。伐採業者たちはこのような感覚をやたらにロマンティックだと見ていたが、海岸地帯のレッドウッドというのは特別に異世界を思わせたり、スピリチュアルに見えるような進化を遂げていた。たとえば稲妻に打たれたあとには、レッドウッドがあの語り草となっている幹を天高く伸ばしているため、大地にへばりついた周囲の木々がちっぽけに見えることがある。特筆すべきケースでは、高さ約四二メートルのレッドウッドが他のレッドウッドの太枝から生えているのが見つかり、「並外れた影響力のある自然のいたずら」といわれたりした。同じ枝には、林床からおよそ六〇メートルのところにハックルベリーの藪が生い茂る洞（うろ）があり、地面から独立した全き生態系が存在しているのである。

　チャーニーはアメリカの歴史上、最も影響力のある環境団体のひとつのハンボルト支部で活動するようになった。「アースファースト！」である。団体のモットー――「母なる地球の敵に妥協せず」――、そして突き出された緑色のこぶしのロゴマークが、チャーニーみずから太平洋岸北西部を南へ走らせる車のバンパーステッカーに見えていた。エドワード・アビーによる『モンキーレンチギャング』[*]という創作に影響され、一九八〇年代後半の「アースファースト！」の活動は危険な直接行動という評判を得ていた。たとえばツリースパイキングという戦術は、木の幹に大きな釘を打っておくことによって、その木の伐採に用いられる伐採器具を破壊しようとするもので、伐採業者たちの生活を脅かした。伐採器具は木を切り込んでいて釘に触れると、空中に細かな金属片をはじき飛ばしてたびたび壊れた。一九九〇年までにアースファースト！はＦＢＩの監視対象となっていたが、ハンボルト支部のメンバーはツリースパイキングをしたことを否認していた。

　ハンボルト郡でアースファースト！の活動家たちはまず、ヘッドウォーター・フォレストと呼ばれる約一二平方キロの大面積の土地に注目した。パシフィック・ランバー社の新しい取締役チャールズ・ハーウィッツによって所有されていた土地である。彼らは迷彩服を着たうえ見分けにくいように木の枝を身にまとって不法侵入し、入り江の原生林で知られるべつの私有地の一画でキャンプをおこなった。一九八〇年代後半までには、ハンボルトの雰囲気は緊迫しており、木材産業で収入を得ている者なら誰でも、環境活動家とパークレンジャー、生物学者と反対派を混同しがちだった。

　環境活動は、林業の経済的活力低下に困惑していた多くの人々への目に見える犠牲を強いた。伐採の停止は、それまで徐々に起こっていたことが急に頭をもたげた事例となった。つまりある日、数百人の人々が急に仕事に出なくなる。伐採業者たちは岐路に立つ自分たちに気づいた。そして彼らは逆ギレかつ不適切と見られやすい行動に出た。バンパーステッカーと看板がそこらじゅうで見つかった。「伐採業者に救済を」、「フクロウを食え」、「地球(アースファースト)が最優先というのなら、われらは他の惑星で木を伐ろう」。あるステッカーなどは、敵意をすっかりむきだしにしたものだった。「あなた環境派？　それともまともに働く派？」。

伐採業者たちはメディアがおこなう危機の描写にうんざりしていた。社説の風刺画は、小さな苗木が大きく成長して切り倒せるまでになるのを切り株に座って待っている伐採業者を描いていた。ある皮肉なイラストでは、革のマスクをつけてチェーンソーを握った男が描かれ、キャプションに「オレゴンのチェーンソー殺戮」と書かれていた。これらは伐採企業の批判よりもむしろ労働者階級の伐採業者のステレオタイプであって、結果として伐採業者たちを森林保全から一層遠ざけることになった。一九九〇年、ワシントン大学の社会学者ロバート・リーは新聞のコラムニスト、ジム・ピーターソンに、ゆくゆくは「（ステレオタイプ化の）犠牲としての人間の最期」になるだろうと語った。それは逃れられない袋小路のなかでの冷笑や抑圧といったものだった。リーは地域共同体の崩壊が、薬物乱用や離婚といった個人や家族の問題につながると論じた。

現場では両サイドに妨害行為があった。ある伐採業者の妻キャンディ・ボークは、環境活動家たちのミーティングへこっそりと出かけ、ダリル・チャーニーの最初のツリーシッティング*の試みを妨害した。ひとりの伐採反対者は森のなかで伐採業者に近づいて斧をひったくり、谷間へ投げ捨てた。彼はその女性にパンチで応酬。のちにチャーニーは手錠をかけられてツリーシッティングから去り、州の裁判所の外で公衆をまえに、自分は「レッドウッドの森を守る戦いの戦犯」なのだと語った。チャーニーは元組合組織者のジュディ・バリという人物とつねに共闘し始めた。ジュディはハンボルトに移るまえにメリーランド大学で学び、「ベトナム戦争反対暴動」を専攻したと主張している。

カリフォルニアで大工の仕事を見つけたあと、バリは伐採業者にではなく、ルイジアナ・パシフィック社、ジョージア・パシフィック社、ハーウィッツに敵対心を向けていた。彼女は討論に対してオープンで、地元のラジオ番組に出演し、伐採業者たちが電話で彼女に自分たちの生活について語るのを傾聴した。「本当に伐採は俺の人生だったんだ」とアーニーという男性が彼女にいった。「そいつは伝統だ。いつもおこなわれてきたし、以前はいつもどっさりと樹木がある気がしてた」。バリは自分の役割を木材労働者たちへのメッセンジャーと見ていた。彼女がその目標を達成できたかどうかはわからない。彼女の書いたものには不満が入り込んでいる。「たいがい木材労働者というのは、会社の汚れ仕事をこなすか、口をつぐんでいるかのどっちかだ」。彼女はこの地域で操業する企業によって労働者の生活不安への恐れが安易に利用されないことを願いつつ、階級の認識を欠いた環境活動も批判した。

その活動は、よそから駆けつけてせいぜい浅いつながりしかもたない地域共同体に身を投じる、チャーニーのような活動家によって占められていた。彼らは強烈なレトリックを好んだ。たとえば「木材企業は森林を〝レイプ〟していた」という。こうしたことにバリが口を出さずにいることはほとんどなかった。彼女はルイジアナ・パシフィック元CEOのハリー・メルロに「究極の樹木ナチ」と烙印を押した。バリは活動に反対する伐採業者たちを「ミシシッピの白人レイシストにひとしい」と呼んだ。「彼らはシステムにこき使われているけれど、システムを受け入れる真の聡明さはない」。アースファースト！のデモでのある演説では、バリは労働者階級の伐採業者による地域共同体に対し、想像されるほどの共感をあえて示さなかった。「過剰な近親婚もある」と彼女はいった。「なにぶん田舎の土地のことです。遺伝子プールだって大きくはない。こうした家系が、五代続けてここに暮らしてることもあるんです」。

伐採業者と製材業者たちは、そうした言論には気をとめなかった。彼らがレイプしたと言い立てられているその森林は、よくハイキングやキャンピングにいく近隣地区であったり、自宅を建てた場所でもあったりする。収穫する木材がなくなる将来のことを彼らは気にしていたし、不安が怒りに変わるのを恐れてもいた。「共産ヒッピーども、皆殺しにしてやる！」と、道路脇の封鎖場所で誰かがアースファースト！に対して叫んでいたのをバリは忘れなかった。一九九〇年二月、赤信号で停車中の木材トラックにアースファースト！のひとりのメンバーが自分の身体を鎖でくくりつけたが、トラックのドライバーは「俺はこの土地を所有してると思う」と、のちに「サンフランシスコ・エグザミナー」誌に語った。

地域の暴走は沸点に達していた。バリとチャーニーは一九九〇年の夏を「レッドウッド・サマー」にしようと動いていた。環境に注目して、一九六〇年代の公民権運動のための「フリーダム・サマー」を再燃させようというのだ。その夏は、フクロウのいで立ちをした環境活動家や、森でのツリーシッティングや、イール川沿いのフェスティバルがおこなわれた。同じ頃、伐採業者のジョン・ガフィーは下請会社にこういっていた。「気の短い奴らは家につないどけ。もし機械やゲートに自分を鎖でくくってる連中のひとりにでも奴らが手を出そうもんなら、デカい訴訟になるだろうから」。木材チップ工場での伐採への抗議に対し、ひとりの女性が直訴のプラカードを掲げた。「もし夫から仕事を取り上げるなら、私からも奪うことになる」。

経済的困窮と盗伐者たち

伐採制限、環境保護活動、政府による管理への怒りは、木材紛争のあいだ伐採業者たちの心理に深くわだかまり続けた。個人レベルでもコミュニティレベルでも、経済的困窮が根深くあった。一九九〇年代中頃までに、森林局のレンジャーたちは深い森のなかで生命に歯を立てるシングルチェーンソーの変化に富んだすばやい回転に慣れっこになっていた。国全体で樹盗は意気軒昂だった。

森林局は一九九一年、森に入って切り株を巡回したり、値打ちの高い立ち木をモニタリングしたりする特別チームの「木材窃盗タスクフォース」を設立した。三年間、タスクフォースのメンバーはレクリエーションの用途に指定された立ち木の切り株巡回をおこなった。彼らは森林の重点地区を監視し、伐った木をもち逃げしたことのある盗伐者たちを調査した。こうした盗伐者たちの多くはホワイトカラー、事業者、越境伐採者、そして製材所への密売者だった。

調査部門の導入は、森林局と公園局の両方での警備や厳重な法執行への移行期と重なった。一九九〇年のミシシッピ州ガルフアイランド・ナショナル・シーショアでのパークレンジャー殺人事件や、国立公園での武装闘争と薬物違法取引といった注目を集めるケースの直後、レンジャーたちはプロの法執行官になることを求められ、警察での訓練に駆り出された。

木材窃盗団は、太平洋岸北西部の柔らかい土のうえにはっきりした足跡を残した。しかし調査団も、ペンシルヴァニア州やヴァーモント州のまっすぐな立ち木群、オハイオ州、ニューヨーク州、ウィスコンシン州の州有林に現れた。東海岸に監視塔のように聳えるホワイトオーク、ブラック・ウォルナット、カエデは、他の用途でも貴重だったが、西海岸の壮観なレッドウッドと同じく一本一本の需要が高かった。

森林局——森林犯罪を抑止するうえで訴訟の脅威と多くの罰金に頼っていた——は、盗伐をやめさせるのは難しいと気づいた。レンジャーは地図とノートに、切り株と倒された木の座標を毎日書き込んだ。彼らは表向き、木材を盗伐することは罰せられずにちゃっかりやれる楽勝の犯罪だという想定と戦っていたのだが、事実その想定は正しかった。盗伐は簡単だ。だからこそ多くの者がやるのである。盗伐タスクフォースはささいな盗伐だけでなく、ビッグネームの企業も追った。そのなかにはオレゴンの公有林での違法伐採を疑われていたウェアーハウザーもあった。

設立からわずか四年後、森林局はこの木材窃盗タスクフォースを解散させた。その決定は秘密裡で、陰謀の噂にまみれていた。環境保護派の一部が信じていたように、ウェアーハウザーがホワイトハウスに対してロビー活動をおこない、この特別部署を閉鎖させたのかも知れないという。またこのユニットは、森林局や国立公園局のあいだでは評判がかんばしくなく、調査官は下に見られながら、ほとんど偏執的なレベルの監督をしていた。森林局の方では、盗伐タスクフォースのレンジャーには全国で地方レベルの仕事を再び割り当てることを強く要求していた。

最終的には連邦政府が招き入れられ、太平洋岸北西部の雪解け——言論上も森のなかでも——の仲介

を試みた。

一九九三年の大統領選挙運動期間中、ビル・クリントンは太平洋岸北西部の争いの問題を解消することを公約した。任期開始後、クリントンは一九九四年四月、ポートランドで森林サミットを開催した。サミットでクリントンと副大統領のアル・ゴア、それに彼らの主要な政策立案者たちは、コンファレンス・センターの聴衆席に囲まれたステージ上の長い木製の会議テーブルに着席した。それぞれの席には太平洋岸北西部の木材産業で既得権益をもつ人々、すなわちコミュニティリーダー、政治家、伐採会社の取締役、伐採業者、聖職者、教師、生物学者が地域全体から訪れ、着席していた。こうした人々の誰もが証言しようとしていたのは、閉鎖した木材産業が生活のなかで生み出す課題、そして木材業者たちのまわりの世界で発生する課題についてだった。

アメリカの主要な生物学者の何人かが、森林については「慎重と自重」をもって検討するようにと出席者全体にうながした。ビル・クリントン大統領の真向かいに座った生物学者ジェリー・フランクリンがいう。「森林はわれわれの最も奔放な想像力よりもさらに複雑です」。後日この専門家たちは、森林伐採の継続が意味することをまとめた。数少なくなった森林が、四八〇種の生物種リスクを抱えることになるのだ。テーブルにはまた、「ゴッド・スカッド」——すなわち一九七三年の絶滅危惧種法に種を追加したり例外を設けたりする権限のある、ひいては多様な生物種の運命について神の役目を実質上果たしている「絶滅危惧種規準委員会」——のメンバーとその同僚たちも座っていた。

生物学者は歴史学者や社会科学者と並んで座り、森林伐採が地域の歴史とアイデンティティに果たす強力な役割をおおまかに述べた。副大統領のアル・ゴアは、森林伐採が国家の文化遺産のなかに組み入れられていることを踏まえてサミットを開催していた。その後ひとりの伐採業者が、二〇〇〇年のあいだ森林伐採が彼の一族においてどのようなものだったかを説明した。ワシントン州フォークスの製材所のオーナーは、「アメリカンドリームが悪夢に変わり果てた」といい、その悪夢は「鮮血と血糊だらけ」だと語った。カリフォルニア州立大学バークレー校の貧困と社会に関する研究者ルイーズ・フォートマンは、政府や都市を拠点とする環境保全団体といった外部の力がなぜ木材コミュニティに対して「怒っている」かを説明した。「（こうした組織は）決定に影響を受けず、家庭との絆もなく、仕事を常態と見ている」と彼女はいった。

北部カリフォルニアの木材労働者を代表していたのはナディン・ベイリーで、母親であるとともに伐採業者の妻であり、伐採の制限が強められたことによって夫が仕事を失っていた。「私たちは地元の人々が参加する解決策を必要としているんです」と彼女はいった。「お金はくれなくていい。仕事が必要なの。働いているというプライドが――」。

だが最も心を動かした陳情は、シアトルのローマカトリック大司教、トーマス・マーフィーのものだった。彼はオリンピック国立公園の道路を旅し、地元民と語り合い、半島じゅうの伐採業の町で時を費やした。彼の話は「失くした家」だった。「二〇年間働いて、その後ピックアップトラックで寝ているとことがどんなことかわかりますか？」と彼はテーブルの発言者たちに聞いた。「生き方が崩壊するということなんです」。

第2部

幹 トランク

第6章 レッドウッドの森への入り口

「あそこには何もない。街が死んでるんだ」

——ダニー・ガルシア

樹齢二二〇〇年の切り株

カリフォルニアのハイウェイ一〇一は、ロスアンジェルスに発してカリフォルニア州最北部の郡を抜け、カスカディアの中央部に至る。太平洋岸づたいの幹線であり、レッドウッド・ハイウェイはその延長である。ハンボルト郡最大の都市ユーレカから北へ車を走らせれば、ビッグラグーンとフレッシュウォーターベイの悠々たる水晶ウェーブや白砂ビーチが行く手に続く。じつのところ、南へ至る風光明媚でまばゆい海岸の一方で、ハンボルト郡の岩でごつごつした一八〇キロの太平洋沿岸部は、カリフォルニア州最大かつ最も荒らされていない土地を形成している。ここを旅すると、まるでカーテンが左右に割れて海岸と海のあいだの完璧な眺めが開けてくる感じがする。

オリックはハイウェイがいくぶん彎曲するところに沿って位置し、企業や家並みが細く長く続く。行政手続き上はもはや町ではなく、「国勢調査指定地域（CDP）」である。それはわずか四〇〇人にも満たない人々のねぐらだ（公園拡張賛成派にしてモーテルオーナーのジーン・ハグッドの息子であり、オリックの荒物店経営者であるジム・ハグッドがはっきり述べたところでは、「羊は間違いなく八〇頭を数える」）。人口は圧倒的に白人が多く、主に英語が話され、大半の人々が四五歳以上である。町に唯一残っている産業はバールショップで、レッドウッドから切り取られて複雑に彫り込まれた木彫り人形やテーブルが、観光客をにぎにぎしく出迎える。一九七〇年代のバール産業最盛期には、およそ一ダースのバールショップがレッドウッド国立・州立公園の境界へ至るハイウェイの延長に軒を並べていた。それがいまでは五軒に満たない（二〇二一年に私が調べてみたときには、二軒がちょうど閉鎖したところだった）。

北米に残っているレッドウッドの生育地域は、わずか五六キロ幅で、カリフォルニア海岸地域に沿って走る狭いベルト地帯である。それは地球で最も古い生態系の連なりを見せていて、わずか〇・八ヘクタールで一万立方メートルのバイオマスを宿らせている。ここから北、オレゴンからブリティッシュ・コロンビアで成長する樹木の立ち木は、たいていもっと多様だ。ベイスギ、カエデ、ベイヒバ、ベイマツである。この四つの樹種は世界で最も樹高の高い木であり――幹丈は一〇〇メートルに達する――、レッドウッドほど洪水に強くはないものの、成長が速く、軽くて高価な良質木材を生産する。

オリックはこれらの森林、特に国立公園局とカリフォルニア州立公園が街のまわりの木々を共同管理しながら保護している森林の入り口だ。オリックはこの二つの公園のサウス・オペレーション・センター（SOC）の地元である。カリフォルニア州立公園は、世界に残存する海岸原生林レッドウッドの四五パーセントと、（われわれの知るかぎり）地球で最も樹高の高い木々を抱えている。かつてこの地域を蔽っていた海岸レッドウッドの森八〇九三平方キロのうち、わずか四パーセント（長さにして七二四キロ）が残っているが、その大部分がハイウェイ一〇一に沿っている。

リン・ネッツは一九九三年に初めてハンボルト郡に来たとき、グレイハウンド*のバス路線チケットを売る仕事をしていた。ネッツと家族はマッキンリーヴィルやトリニダードのような製材の町を通過する九十九折り（つづら）の道路をドライブして余暇を過ごした。馬に乗ってレッドウッド国立公園を駆け、西に向かって太平洋にごつごつした岩場が潜んでいるオリック周辺をめぐったこともある。時にはクジラがこの海岸線に寄り添って泳ぐこともある。涼しい日陰になっている森の近くの潮だまりへと居場所を変えるサーモンを、クジラたちは主食としているのである。

年輪を数えることができるうちで最も古い海岸レッドウッドは、樹齢二二〇〇年だった。その切り株の一部は、アルプス山脈でハンニバルがゾウを捕まえていた頃に育ったもので、いまはリチャードソン・グローブ州立公園に保存してある。しかしそんなにも古い木々が——ローマやギリシャの哲人たちがそれらを「命の問題」という意味の「フラ」や「マテリア」と呼んだ頃にもすでに古かった——ハンボルトの森林をいまも蔽っているのである。実際、レッドウッドの木は生育を妨げられなければ事実上永遠不滅だ。もしレッドウッドの幹に火がついたら、樹皮が化学物質のタンニンによって炎から木を守る。長く深い裂け目のあるレッドウッドの樹皮が分かれて丸まっていたりする場合、厚さは六〇センチメートルを数えたこともある。レッドウッドの長い寿命は、古い個体の幹や根から新しい木が芽吹いてくる能力のおかげでもある。まさに人間の親から子へと命が受け継がれるように。「レッドウッドの寿命がどこで終わるかを言い当てるのはほとんど無理だ」と、ドナルド・カルロス・ピーティーは『北米の樹木の自然史』に書いている。「むしろ方向を変えて成長し続ける」。

レッドウッドの森は、この地域に来訪者を何よりも魅きつける部分だ。観光客にとっての見所のひとつが、メイクリークの近くにあって単純に「ビッグツリー」と呼ばれているレッドウッド。木立ちの中心に八七メートルの高さで立っている。付近ではカラフルな標識のついたガイドポストがかまびすしい。

この先、まだあるビッグツリー！
もひとつおまけにビッグツリー！
さらになんとビッグツリー！

この森のどこかに、ビッグ・カフナと呼ばれる樹高九四メートルのレッドウッドがある。二〇一四年に発見され、基部の直径は一二メートル、推定樹齢は四〇〇〇年。大きさではカリフォルニア南部にある世界最大の「シャーマン将軍の木」*や、レッドウッド国立・州立公園の奥深くにあるハイペリオン*と競えるほどである。面積一五三平方キロを超える原生林が公園内に保護されており、なかでも最大の樹木のいくつかは——ハイペリオンのように——その場所を決して明かさぬ情報とする研究者たちによって測定されてきたレッドウッド群の一部をなす。

バール密採の本当の意味

比較的最近まで、オリックの町の周囲の公園地所から毎年ひとつかふたつのバールが密採されていた可能性がある。ほとんどの場合、そのバールは削って木椀にするか、彫刻にするか、ハイウェイ沿いに立ち並ぶバールショップで厚板として売られるかだ。しかし二〇一〇年代の初め頃、状況が変わった。密採が起こりすぎ、レッドウッドの森のレンジャーたちは「危機」を口にし始めた。二〇一二年から二〇一四年まで、およそ九〇個のバールが二四本の木から盗まれた。あるレッドウッドなどは、幹の高いところにできたバールを採取するために伐り倒された。*レディ・バード・ジョンソン・グローヴのトレイルは、レンジャーの言葉を借りれば、有名な*トール・ツリーズ・トレイルの幹と同様「ずたずたにされた」という。「〝クソめ、奴らはいつだって、何だって打ちのめす〟というのを派手に地でいくものだった。捕まることなど考えずに」と、この地域の州立公園長をレンジャーと兼務していたブレット・シルバーはいう。

バールはレッドウッドのストレス反応や遺伝子の永続性保護に役立っている。それは外傷や非常事態(多くの場合は火災、洪水、強風)のあとで*カルス状に形成される。幹のバールは、強い衝撃で木が「ケガ」をした場所の真上にできることが多く、樹皮の外側で一種の包帯のように育ってくる。損傷が激しい場合は、新たな樹皮が水平に六〇センチ以上突き出したあと、下に伸びて損傷部分をくるんでしまう。若芽や萌芽は内側から芽生え、地上に向かって伸び、根を形成し始める。

皆伐後、〔原注1〕木塊から出てきた*芽のおかげで森林が新たに成長してきた例がある。バールが破裂するとき(たとえば火災などで)、ちょうどジャックパインの球果が弾けて種を散らすのと同じように、原生林レ

レッドウッド国立・州立公園のレッドウッドの幹に残ったチェーンソーによる切り込み
（デイヴィッド・A・ボウマン『アメリカン・フィールド・トリップ』より）

ッドウッドの遺伝子が地面に弾け散る。こうしてバールと切り株は、環境が（あるいは産業が）どれほど荒廃してもレッドウッドの進化を保証することで、この種族の守り手となっている。「それはまるで、林床をひと塊取ってきて空気中にぶら下げておくようなものです」と、レッドウッドの林冠の専門家であるスティーブン・シレットは二〇一四年、ニューヨークタイムズ紙に語った。

世界で最も献身的なレッドウッド研究者のなかには、バール密採の本当の影響は知られていないという人もいる。その長期的な影響を観測し理解できるほど、誰も長くは生きられないと。しかしわれわれはバールが保持しているものをちゃんとわかっているし、だからこそバールを取っていかれたら何が起こるかに思いをめぐらすことができるのである。

生物学者たちは、バールを除去すると木を病気や感染にさらし、害を与えることになるという。ある程度もっていかれると、木はガードルを巻かれたようになり、成長が永久に妨げられてそれ以上年輪を刻めなくなる。実生や新たな成長を進めている木の一部が除去されると、その犯行の瞬間だけでなく、将来レッドウッドがほかの力（侵略的な生物種、干ばつ、山火事）を受けたときにもダメージが出る。古い切り株がひこばえを伸ばしているのを見ることがよくあるが、レッドウッドも同じようにして幹が伐られたあともコミュニティに貢献している。

倒木を盗んでいくことも、生態学的な影響がある。枯れた立ち木は鳥やその他の動物たちのシェルターとなり、倒れた枯れ木は甲虫やその幼虫――どちらも鳥の好む餌――の隠れ家になる。倒木は分解されるまでに数百年かかることがあり、その間に土壌や動物のハビタットや菌類に栄養を供給することになる。バールと同様、新たな若木が倒木に根づく。このようにして、木のからだはすっかり分解されるまでにできるかぎり多くの養分を提供する。

　バールのことはさておき、木についてわれわれにはまだほんのわかり始めにすぎないことがたくさんある。時として木々は計り知れない、じつに信じがたい生態学的進化の標本のようにも思える。足元から数フィート下には「ウッド・ワイド・ウェブ」*、つまり広大な地下コミュニケーションネットワークがあり、すべての木が他の木とうまく協調できるようにするための情報伝播をしている。そのネットワークは有用で、資源をうまく共有できるようにするし、ある木が攻撃されたり枯渇したりした場合には警報を送り、その木を庇うよう健康な木たちに合図を送る。

　木々は嗅覚言語でのコミュニケーションもする。たとえば昆虫や動物からの攻撃を検知し、葉から匂いを放出してそれ以上寄りつくことをやめさせる。ある木が近くの木々に、「虫が君たちの葉をムシャムシャ食べてるよ」と――樹木は危険な唾液を認識することができるのだ――樹木の世界のネットワークを通じてメッセージを送ることにより、近くの木々に警告することもある。その後、どのような害虫も近づかせないあの匂いを分泌する。あるいはタンニン成分を強め、樹皮や葉を不味くしたり致死性のものにしたりもする。

　われわれが完全に知ることのできる森林は世界に存在しない。森林はじつに驚くべきもので、たえまなく若返っている。森林は根と幹と枝、そしてコケやキノコや小川や鳥たちの交差点に存在する。ときとして道路沿いの大地の浸食された区画で、あるいは他のプロジェクトのために掘削された斜面で、私たちは森林生態系の囁きを知ることができる。ここレッドウッド国立公園の目を見張る事例がある。巨大な切り株と、まるで大地に彫り込まれたように現れてたがいとつながり合っている、彎曲したジグザ

生物学者プレストン・テイラーがブラックベアの生態調査で偶然見つけたレッドウッド・クリークの盗伐現場
（国立公園局提供）

グの根だ。科学者たちは根のへめぐる位置を特定しているあいだ、この古代の森の残存箇所につまずいてしまう。樹木の幹が消えたあとも森林を長いこと養い続けている根に。その意味でも樹木の影響は、躯体の大きさを超えてひろがっている。樹木は先祖を生き延びさせてきた。このユロク族の地にかつて聳えていた木々は、今日われわれの目のまえで樹木の作用と反作用を伝え続けている。

とはいえ、稀少だとか有価値だとかいうバールの定義はわりあい新しい。ジム・ギャリソンは、私が訪れたときにはハンボルト郡歴史協会の会長だったが、自身の祖父が「バールツリー」というのをもっていて、そこから木片をよく伐り出してはよそにいる従弟たちに送っていたと私に語った。ロン・バーロウは子どもの頃、オリックの近くで木々からバールを切り取り、ユーレカの観光客向けマーケットによく売ったものだと回想する。一九八〇年代には、彫刻などのバール製品への関心がぶり返し、買い物客たちを惹きつけた。しかしいまでは関心が弱まっている。ギャリソンはそれを「井戸が涸れた」という。

にもかかわらずSOCのレンジャーたちは、気づけばほとんど目に見えないかたちで犯罪が狂奔じみてくるのに出くわしていた。高く聳える原生林レッドウッドに囲まれた緑深い森で、それは夜陰にまぎれておこなわれる。犯人を追跡するため、レンジャーたちはオリックの町のまわりの盗伐現場の位置を記した地図を作った。全部で八カ所あり、すべてレッドウッド・ハイウェイからすぐのところだった。またいくつかは、この地域で最も人気のあるハイキングトレイルの近くだった。

盗伐現場を偶然見つける

太い常緑樹であるレッドウッドの下では、林床に生えるカタバミが濃い紫色をして咲いている。生物学者のプレストン・テイラーは、森でブラックベアの痕跡を探しているときにしばしば目を見張った。ぶらぶらと歩くクマの黒い陰影にではなく、紫色に。濃い紫色の染みは、クマが引っかき回したと思しき証拠で、クマはカタバミの花を前足でふみつけ、あとには爪跡の縞模様で轍を残していた。

二〇一三年四月一九日、テイラーは当時ハンボルト州立大学（HSU）の研究生だったが、おそらく彼もブラックベアをハビタットで追跡する目的で、データ収集のためレッドウッド国立・州立公園へ入った。テイラーは森でブラックベアが残した匂いのしるしを調査するという、HSUの野生生物管理に

メイクリークで見つかった盗伐跡を測定するレッドウッド国立・州立公園のパークレンジャー
(国立公園局提供)

おける卒業プログラムをほぼ終了しかけていた。彼は「爪とぎの木」を森で探すことに多くの日数を費やした。繁殖期に現れるかも知れないパートナーへの合図のため、クマが樹皮に爪を研ぐ幹のことである。地面に目をやりながら、テイラーは草むらのへこみにクマの足跡や紫色の染みを探した。それが自分を爪とぎの木に導いてくれることも期待しながら。

その春の日、テイラーはいつもの山歩きコースのひとつに取り掛かった。コーストレンジを水源とし、深い森を横切り、太平洋岸北西部を流れて支流を満たし、レッドウッドの森の境界へ入る長さ六二マイルのレッドウッド・クリークに沿ったトレイルをたどっていた。そこでクリークはいくつかのレッドウッドの木立ちを抜けて流れ、農地をのたくったあとでオリックの出口の太平洋岸へと注ぐ。

河畔に沿った小道を半マイルほどいくと、テイラーは視界の隅で紫色に揺れるものをとらえた。ある種の足跡と、森へつながって斜面を登っていく急ごしらえの小道に、カタバミが若干荒らされている。テイラーはその区域が何本かの世界最大のレッドウッドの原生地であることを知っていたので、ブラックベアの通り道と思われる約一八〇メートルを懸命に歩いた。足跡がついには見えなくなり、テイラーは低木の茂みの藪に立ち尽くしたままになった。彼は方向を見定め、正面で天を衝くレッドウッドの巨木にしばらく目を凝らした。

するとそのとき、テイラーはレッドウッドの幹にぽっかりあいた穴に気づいた。高さ二・四メートル以上の長方形が木の基部からえぐり取られていて、チェーンソーでなければ切れないような不自然なエッジをしていた。幹は乱雑に皮をはがされたように見え、一方の端は褪せた褐色なのに対し、残りの樹皮は深い茶色をしていた。彼は幹の内側をよく見るために十分近いところまで歩み寄った。木のまわりには、一辺が二の腕くらいの大きさに伐られた小さな材木が山積みになっていた。

　テイラーは後ずさりし、盗伐現場を見つけたことに気づいた。顔を上げ、天を仰いでレッドウッドの体軀を視野に取り込むと、太古からの樹木の全長が実感できた。

第7章　樹難

「あの人はそんなふうに生まれついたの。それが運命だったのよ」

――チェリッシュ・ガフィー

国立公園の拡張と伐採業の衰退

一九七〇年代にレッドウッド国立公園が区画をひろげていた頃、伐採業者ジョン・ガフィーの息子クリスは知らず知らずに林業の技を覚え始めていた。公園拡張のとき彼は一九歳で、働き手に加わる準備はできていた。その頃までにはすでに古株のひとりから「ハンマー」のニックネームをたまわっていた。「俺は一三のときからチョーカーをつけてたんだ」と彼はいう。「プロのロガーさ。ガキの頃からずっと」。クリスはいつか父親の会社、ガフィー・ティンバー・カッターズに入ることになっていて、森の伐採キャンプでの手伝いで夏を過ごした。「いつも教わってた。てめえのもんはてめえで稼いで手に入れろって」とクリスはいう。「この両腕を揮えば、人生で必要なものは何だって手に入る」。

　クリス・ガフィーはオリック南端の家に住むテリー・クックの友人だった。一九七〇年、クックの家族はテネシー州からカリフォルニア州北端へ、[原注1]ハイウェイ一〇一に沿って北へ向かった。クックの両親が仕事のために家族で移住してオリックに居をさだめ、そのあいだテリーの父ハリエル・エドワード・クックは森の仕事を探した。母のテルマには、パームカフェ・アンド・モーテルで働く友人がいた。一家はレッドウッド・ハイウェイに面した小さな家を買った。一九六四年にレッドウッド・クリーク流域を覆った洪水に事後対応を施し、支柱のうえに立てた上げ床になっており、緑の茂る裏庭に沿ってレッドクリークが流れていた。クック一家はやがて一一人の子どもをもうけ、彼らが薪ストーブにくべる薪をよくビーチから集めて来たものだった。

　一九七一年、ハリエルはオリックの町の中央にある橋に小型トラックで衝突し、亡くなった。その四年後、テリーの兄のひとりが、バイクに乗っていて木材輸送トラックにはねられて亡くなる。さらにその数年後、べつの兄弟のティミーがバイク事故で身体が麻痺してしまった。残された母のテルマは悲嘆に暮れながらも、家族を養った。テリーのもっと上の兄たちは家を出て仕事を探した。

　オリックでは、それが木を相手に働くということなのだ。家族のうちの息子たちは父のハリエルが雇われていたアーケータ・レッドウッド社へ働きにいった。彼らは働き者で、近所の住民の仕事をよく手伝うと評判になった。「牧草地で人手が要るときは、よく母親のテルマに電話したもんさ」とロン・バーロウはいう。「結果は上々だったよ。みんなたくましい息子たちだった」。テリーは結局、上げ床の家に戻って来た。姉妹のひとりのシャーロットは南のロスアンジェルスに移り、ダニーという名の息子をもうけた。

テリー・クックは家族だけでなく、町の伐採業も徐々に衰退していくのを見てきた生き証人である。近所の人たちがピーナッツ・コンボイを先導していき、憤慨して帰って来たのも彼は見ていた。公園が拡張されたとき、テリーは一七歳。森林維持の仕事に応募したが、一度も雇用されなかったという。森と製材所での彼の仕事――縁取り鋸を回すのとグリーンチェーンを引くこと――は森の維持とは相容れないものだった。

クリス・ガフィーは一九八〇年に父のジョンが会社を畳んだため〔原注2〕、それを受け継ぐチャンスはまったくつかめなかった。クリスはレッドウッド国立公園拡張に関する地域の議論が急速にヒートアップしたことを覚えている。彼は演説を聞いていたのだ。国立公園はオリックにとって「壊滅」を意味することになるという。「奴らは何でも管理したがる」と父のジョンはいった。彼は公園の役人たちを「寄生虫」と呼んだ。

シャーロット・クックの息子、ダニー・ガルシアはすぐに家族の家のある北部からカリフォルニア南部に移って夏を過ごすようになった。曲がりくねった道を通ってサクラメントを過ぎ、緑なすメンドシーノ郡の谷間を越え、ハンボルト郡に入ってクック家を訪れるのである。ダニーが九歳の頃、シャーロットは自分の命を絶った。彼と姉とは、ユニオン七六とアルコ・ガソリンスタンドでガソリン輸送トラックを運転する父に育てられた。姉弟は夏が来るたびにオリックへ二週間赴き、それから父方の祖父母を訪れるため、次の二週間は南のロスアンジェルスへ向かった。

しかしダニー・ガルシアに棲処を与えたのはオリックの町だった。ときには叔父が彼をサクラメントで車に乗せ、ハイウェイ一〇一を何時間もドライブしたものだ。車窓からはトラックの荷台に積まれた大量の木材が見えた。ダニーはテルマの家を取り囲む森を駆けずりまわって何日も過ごした。「美しいところだった」と彼は回想する。少年の頃ダニーは森だけでなく、森が与えてくれる自由や、大きな木々を育む土地にも魅了された。おじのテリーはダニーをひとりで森のなかに一日中遊ばせていた。「手を真っ黒にしてた」とダニーはいう。「小言なんか誰もいわなかったよ」。

高二の学年を終えるとダニーはオリックに移り、そこに永住することとなる。一八歳のとき、彼は祖母であるテルマ・クックの家に移った。テルマはダニーのおじのティミーをバイク事故以来介護し続けていた。ダニーは家の周囲でよく手伝いをした。テルマがティミーの世話をできるように食料品を買い出し、庭仕事をした。「テリーは人々に寛大な気持ちをいだいてた」とダニー・ガルシアはいう。「あの人たちはオリックに深く根をおろしてたよ」。

クック家のまわりをうろつき、彼らの後について薪拾いにいきながら、ダニー・ガルシアはチェーンソーの回し方や使い方を目で見て学んだ。まわりの男たちの慣れた手さばきに従った。ジョン・ガフィーのいっていた、知らず知らずに覚えることを始めていた。正しい方向に向かって正しく木を伐り倒す方法、トラックの荷台に載せて運ぶためにその木を小さな塊に「バッキング」する方法などだ。「あいつは俺といっしょに仕事をするまで、手ほどきはまったく受けてなかったよ」とクリス・ガフィーはいう。[原注3]

しかし数年もすると、ガルシアはオリックでは先が見えていると感じ始めた。彼はその気持ちを、まったく知らない場所で車が故障することに喩える。「修理のためのキャッシュもなければ、そこから逃れるすべもない。町のまわりをおろおろ歩きながら、トラブルの原因を作り、迷子のガキになってしまう」と。しかしやがてダニー・ガルシアは、そこを脱けだすときだと感じた。

オリンピック半島での盗伐

一九九三年後半、彼は北のワシントン州ジェファーソン郡へ移った。ジェファーソンの境界はオリンピック国立公園やホー・レイン・フォレストやオリンピック国有林と重なっている。クリス・ガフィーはすでにそこにいて、フォークスの町からさほど遠くないところにあるサルベージセール――州が販売する、枯れ木や倒木の多い用材地の一画――を借地していた。そこの木は損傷したり病気に感染したりしているため、伐採のために一般開放されているのである。ガフィーは羽目板や屋根板の小ぶりな製材所を立ち上げていた。彼はサルベージセールの土地で拾ってきた木をそこで製材しようと計画し、その仕事を手伝ってもらうためダニー・ガルシアを連れて来た。土地の境界沿いのヒマラヤスギには赤いペンキで印がつけられているのが、北西部の濃い霧のなかでもはっきり目についた。

「木のトラブルが俺について回り始めたのはそのときだよ」とガルシアはいう。これが立ち木を盗伐した最初だったというのだ。〔原注4〕「ガフィーに聞いたんだ。なんで木のゴミ漁りなんかやるのかと。生きた木を探して、ぶった斬ればいいだけだろう。そういったら、ガフィーの目がきらっと光るのが見えたよ」。

境界線はガフィーとガルシアにとってはほとんど意味をなさなかった。彼らはゆっくりと、目のまえのヒマラヤスギの立ち木を倒し始めた。彼らが採ったのは原生林のヒマラヤスギで、絶滅危惧種法で保護されており、北部のニシアメリカフクロウの生息場所だった。ふたりは森のなかの何もなかったところに小道をこしらえ、木を手で運べる大きさに切り分けていった。

一九九四年の春から夏にかけ、ふたりは製材所に木を売った。木はそこでギターボディのブランクとなり、その後楽器製造業者へ売られるのだ。アーチェリーの矢を作る地元の職人にヒマラヤスギが売られたこともある。危ない一線を越える見返りは大きかった。もしサルベージセールの木を伐り続けていたら、一コードあたり約六〇〇ドル（約七万九〇〇〇円）。ところが境界の外では約二〇〇〇ドル（約二六万四〇〇〇円）にもなるのだった。

彼らは去ったあと、無傷の長い幹をいくつか残していくことがあった。ある日ガフィーは地元へリコプターのパイロットに、荷を運ぶのを手伝ってくれないかと頼んでGPS座標を告げた。運ぶ貨物のことを聞いて何やら怪しいと思い、パイロットはワシントン州天然資源局に通報した。

サルベージセールの土地の伐採現場を数週間後に訪れた調査員は、急ごしらえの通り道に長靴跡がついているのを見つけた。近くの地面には四リットルほどのチェーンソー用オイルがこぼれており、菓子のスニッカーズの包装紙、ヒマワリの種の紙箱、そしてペプシやビールの空き缶があった。空き缶は許可された伐採ラインの外側にある大きなヒマラヤスギの切り株の近くにあり、切り株が隠れるように森の枯れ葉で覆われていた。木材運送業者があとでその場を検査したときには、二万ボードフィートの木材が盗伐されたと推定された。価値にして三万三〇〇〇ドル（約四三六万円）以上である。伐採場と小道が森に作られ、地図に記されていない裏道につながっていた。

調査員はその日そこを訪れたあと、まったくべつのサルベージの土地に立ち寄り、ロバート・ジャクソンという名の男を見つけた。ジャクソンの長靴は、伐採現場の小道についていた足跡と同じサイズと見られた。調査員はジャクソンのトラックの車内をのぞき込み、シートのあいだにひまわりの種とビールの缶を見つけた。その日調査員がジャクソンを家に訪ねると、彼はクリス・ガフィー、ダニー・ガルシアとともに木材違法伐採をしたことを認めた。ガルシアが深夜に木材の荷物をもって現れるのを見たという近隣住民の報告によって、ジャクソンの自供は裏が取れた。

一九九四年秋、ガフィーとガルシアはワシントンの州有地での違法伐採で訴追された。天然資源局への訴追人は、ふたりが盗伐した木材が相当する価値の全額さえも、あるいはふたり分の損害賠償一万六九七五ドル（約二二四万円）すら払えないだろうと感じた。ふたりは窃盗罪の訴えに対して申し立てをしたが、三〇日間の懲役刑を申し渡された。

しかし彼らはふたりとも姿を消してしまう。

彼らのオリンピック半島滞在は、一年にも満たなかった。ガルシアはオリックに戻ったという噂〔原注5〕が流れていた。ガフィーの逃亡先については、誰も知らなかった。

第8章 音楽の樹

「やけに長いことそこにいたっけ。まるでヨギ・ベア*とパークレンジャーのいたちごっこみたいにね」

――クリス・ガフィー

盗伐現場からの移動経路を再現

二〇一三年にプレストン・テイラーがレッドウッド・クリーク付近で偶然出くわした長方形の穴は、木の幹の半分あたりまで空いていた。深さは六〇センチに及ぶ。彼には切り口がまだ新しいのがわかった。樹木の基部一帯に乾いたおが屑が散らばっていたうえ、木そのものも明るい淡褐色だった。厚板や木塊は、ソファぐらいの大きさのものも含めて、木のうしろの林床に残されていた。

レッドウッドはテルペンという、土やかびのような臭いのする化学物質を含んでいる。水分によってこの匂いは強まる。その日は森の湿度が高かったので、空気は強いテルペンの匂いがした。損傷を受けた木に丸い印をつけながら、テイラーは切り口をもっとそばに近寄って調べた。木の芯がむき出しになっているのが見えた。切り口がとても深い。まぎれもなく木が立っていられなくなるという兆候だ。

テイラーは小道を戻り、車に乗り込んでオリック近くのサウス・オペレーション・センター（SOC）へ直行した。午後遅くなって到着し、テイラーはフロントデスクの事務員に公園地所での犯罪について報告しなければならないといった。しかしそのときテイラーは、自分の見た出来事を話すことに急に神経を尖らせ始めたため、プライベートオフィスに案内された。テイラーはパークレンジャーと対面して座り、盗伐現場のGPS座標も含めて自分が目にしたすべてを伝えた。彼は翌日にそのトレイルの起点でレンジャーに会い、現場まで案内することを承諾した。

翌朝、予定どおりテイラーはトレイルの起点で国立公園局レンジャーのロジー・ホワイトと会い、ふたりはレッドウッド・クリークを伐採現場に向かって歩き始めた。ホワイトは武器を装備していたが、テイラーは彼女が落ち着かないのがわかった。もし盗伐者たちの邪魔をしていたら、攻撃されるのでは？　もし誰かがホワイトのもっているカメラを盗もうとしたら？

ふたりが現場に着くと、テイラーは盗伐者の足跡のところで立ち止まった。「昨日見たのと違っている」と彼はいった。前日に見たバールの塊のいくつかが、どこにも見当たらないのだ。テイラーは現場に出くわしていただけでなく、明らかに盗伐者が盗品を移動中の場面に出くわしていたのだった。ホワイトは犯行現場をカメラに収め、レッドウッドの破損部分と残っているバールを計測し始めていた。ふたりが現場を去るまえに、ホワイトは周囲の茂みに動体検知カメラを隠した。もし盗伐者たちが戻って

盗伐現場近くのレッドウッドの茂みに国立公園局のレンジャーが設置した動体を検知して作動する隠しカメラ
（バラージュ・ガルディ撮影）

きたら、写真に撮影できるようにしておいたのだ。しかしホワイトが五日後にここへ戻ってみたとき、何ひとつ移動したものはなく、仕掛けたカメラは一度も作動していなかった。

盗伐の捜査は、その準備の特異性をはじめとして多くの難題が生じる。都市部からくる盗伐者は何らかの証拠があとに残り、調査員に捜査の選択肢を残していくものだが、森のなかではその証拠——たとえばおが屑や常緑の針葉、落葉など——は、たやすく消えるか風に飛ばされてしまう。そして物理的な危険もある。森にひとりでいるときのパークレンジャーや法執行官は、攻撃の標的になりやすい。まさにこの理由で、ほとんどのレンジャーは森に入らず、盗伐の疑いのある車が道路やハイウェイを走るのを、もっぱら捜したり停めたりしているのだから。

オリックのサウス・オペレーション・センター本部では、五名近くのレンジャーが盗伐レッドウッドの森林から市場までの移動経路を再現しようとし始めた。彼らは地元のバールショップや、木コブ、木の節、球状の根といった樹木の余剰産物であふれ返ったそれらの店の裏庭を訪れることから始めた。

レッドウッド国立・州立公園がこのとき被っていたような盗伐の増加は、カリフォルニア州北部だけのものではなかった。盗伐はガルシアとガフィーのかつての地元であるフォークスを含めて、太平洋岸北西部全体にたえずあった。

テイラーが二〇一三年にレッドウッド・クリークで盗伐現場に出くわす数カ月前、オリンピック半島の森林犯罪を二〇年間調査していた合衆国森林局特別官のアンヌ・ミンデンは、シアトルタイムズ紙に半島での違法伐採者が「国有林をすっかり台無しにした」と語った。なかでもリード・ジョンストンの例は、この地域の森林を一掃してしまった違法伐採の最たる例だという。

ワシントン州のブリノンは、フォークスから見てオリンピック半島の反対側にある人口わずか八〇〇人強の町で、オリンピック国立公園とオリンピック国有林の縁に沿っている。世界で最も生産的な木々に含まれるベイマツの木立ちが、ブリティッシュ・コロンビア州のスキーナ川から南のシエラネバダを通り、オリンピック半島を占めている。樹高の点ではレッドウッドに次いで、ベイマツが太平洋岸北西部の代表的な針葉樹である。レッドウッドほど壮大ではないものの、印象的で気品ある立ち木に育つ。高層をなし、がっしりしているのだ。ベイマツはすくすくと勢いよく育ち、伸長期間が長い。ほとんどの合板はベイマツから作られているが、この木は驚くべき再生力をもち、たえまなく繁殖する。

ギターやチェロの製作に盗木が

リード・ジョンストンの栄えある一族は、一九八〇年代にブリノンに落ち着くまで、ワシントン州のいたるところに居を構えていた。スタン・ジョンストンは二〇一一年に自分のトラックが道路から逸れて木に衝突する自動車事故で死ぬまで、ブリノンの非公式な市長として知られていた。一年後、スタンの真ん中の息子で四一歳だったリードは、両親の土地に面したオリンピック国有林から一〇二本の樹木を盗み出したため、一年の懲役と八万四〇〇〇ドル（約一一一〇万円）の罰金を宣告された。

リード・ジョンストンはプロの伐採業者であり、新米の父親であり、林業学科の中退者であり、小規模企業のオーナーだった。彼はまた、ほかの四件の樹木窃盗の容疑者であるとともに、噂では覚醒剤メタンフェタミン*の中毒者だった。彼は自社の土地から高価なカエデやヒマラヤスギの木を伐採した。これはサウンドメープルと呼ばれ、その後楽器メーカーへ売られるのである。
ジョンストンが扱うタイプの「音楽の樹（ミュージックウッド）」は、「模様つき（フィギュアド）」カエデの製材過程で材木全体にひろがってくる印象的な模様と細い流線の木目をもつ材木からなっていた。一般にその木は二種類の模様のひとつを現す。フラムメープルというカラメル色の木は大胆な虎目模様を見せ、キルトメープルはなめらかでガラスのような湖面をよぎって放射状にひろがる波紋のような外観を誇る。ミュージックウッドはきわめて稀少で、最上級の市場価格がつく。模様なしのカエデに比べ、一〇〇倍の値がつくことも多い。これによって作られた製品は、「ひとつの楽器からオーケストラ全体の響きを聴くことができる」と表現されてきた。

この天然の美しさこそ、ワシントン州で盗伐されたカエデや、アラスカのトンガス国有林で育つシトカトウヒが、引っ張りだこのサウンドボード——アコースティックギターの正面部分——を構成する理由である（事実、アラスカのシトカトウヒの森の破壊と盗伐がかつてあまりに一般的だったので、環境団体グリーンピースは楽器のせいで何が破壊されているかを見せるために、世界有数のギター製造企業群の取締役たちをトンガスへと空輸したことがある）。

ジョンストンは初め、樹齢三〇〇年のベイマツがきっかけで森林局のレンジャーたちから目をつけられた。その木は高さ四七メートル、直径二・四メートルある。ジョンストンがブリノンから車で約一時間のシェルトンの材木置き場でこの木の盗難木片をいくつか見せたとき、オーナーはこれが上等のベイマツであり、おそらくやや上等すぎると判断し、森林局に通報した。レンジャーたちは現場で調査を始め、ブリノンへ移動するまえの製材所オーナーに聞き込みをおこなった。彼らはすぐにジョンストンを立件するための証拠を集め始めた。

それは州の歴史上、最大の木材窃盗訴追となる。

森林局のレンジャーたちは、ジョンストンが一家の地所の裏手の森から盗伐をしていると容疑をかけた。それはオリンピック国有林の縁に沿った、ロッキー・ブルックとして知られる区画だった。ロッキー・ブルックは一四〇年前の山火事によってできたもので、この森のベイスギ、ベイマツ、ベイツガは、「マチュア・グロス」(「プリオールドグロス」と呼ばれることもある)のカテゴリーに属する。ブリティッシュ・コロンビア州のカーマナ・ウォルブランで盗伐されたのと同種のベイスギは、水上航行用にたやすく幹をくり抜けるので、「カヌーシダー」としても知られる。レッドウッドでもよくあることだが、レッドシダーの木もここにはごくわずかしか残っていない。そのうち最大のものは、周長一八・八メートルという驚くべき太さで、ワシントン州のオリンピック国立公園およびオリンピック国有林にある。しかしベイスギは、家屋の鏡板になっていて、米国市場では屋根板の八〇パーセント以上をこの木が占めている。実際、われわれはベイスギの木の内側や真下に住んでいることになる。

ジョンストンが漁った盗木は、一八八〇年代の山火事で燃えずに残り、成長を続けてきたものだった。それらの木々はマダラウミスズメや北部のニシアメリカフクロウのきわめて重要なハビタットだった。もし手つかずのまま残していれば、木々はあと七〇〇年後には新たな原生林になっていたはずだった。

レンジャーたちはロッキー・ブルックへ赴いた。到着するや彼らは、私有地の境界をわずか数メートル出たところで木々が切られ損傷を受けていることに気づいた(カエデはたいがい傷はつけられるが、盗伐者に伐られることはない。彼らは斧で樹皮の一片を切って木目を剝き出しにさせ、ミュージックウッドにふさわしいかどうかを確かめることによってカエデの価値を調べるのである)。「民間人が自分の土地に隣接した国有林を侵害することが多いのは、手堅い自衛になるからだ」と、犯罪の訴訟を担う州弁護士のマシュー・ディッグスはいう。ジョンストンの兄ウェイドは、自分が弟とベイマツのある場所へいったことをレンジャーたちが目撃者たちから聞き出していたといった。しかしウェイドは森林局の境界標識に気づき、木を残して立ち去るようにリードにいってあったのだ。そのうえでウェイドは現場を離れたらしい。リードは兄の警告を無視して、自分の計画どおりに進めた。彼は境界標識を二〇メートルほど移動し、そこで地面にその標識を立て替えた。ただし向きを間違えて立ててしまった。

レンジャーたちがインタビューでいうには、ベイマツ(と他の木々)をシェルトンの材木置き場まで運ぶ手伝いをした人々と話をしたとのことだった。調査の結果、他の九九本の樹木窃盗(五〇本がベイスギ、四本がベイマツ、あとの四五本がヒロバカエデ)がジョンストンに関わっているとされた。ベイマツはワシントン州を象徴する木だが(この木の価値は樹高と直径にあるので盗伐者は木目を確認する必要はない)、カエデはチェロやギターの製造に使われることが多く、より高価である。とくに美しい木目をもったカエデは、一万ドルの値がつくこともある。

地元の証言とジョンストン家の土地の外での証拠を併せることによって、法執行官はリードの家宅捜索令状が取れた。彼らはリードの住居に踏み込み、ミュージックウッドを宣伝している広告を見つけた。それはリードがオンライン販売をするために郵送していたものだった。リードがベイマツを輸出業者に売ろうとしたことの証拠となる通信も彼らは見つけた。売れれば香港に輸送されていたところだった。

リード・ジョンストンは政府所有物に対する窃盗と毀損の罪に問われた。彼は境界標識を移動したことを否定したが、現場捜査で動かぬ証拠が見つかった。森林局の土地は数十年前に伐採されており、そのときの伐採線がそのままになっていたため、ジョンストンの土地の終点と原生林の森林の起点がどこなのかはわかりきっていた。

ジョンストンは最終的にその事件の司法取引を受け入れた。彼は一年の懲役と損害賠償八万四〇〇〇ドル（約一一一〇万円）を宣告された。しかしこの賠償額は、盗伐された立ち木の価値（二〇一一年時点の生態系・経済影響評価では二八万八五〇二ドル（約三八一〇万円）と推定）よりもはるかに低かった。「木の価値はあなたもいえるでしょう。しかし実際にはそれでは安すぎる」と州弁護士のディッグスはいう。「奪われたものは木よりもはるかに多いからです。それは古代遺跡を奪うようなものなんだ」と。

原生林の森はまた、森が生み出す木材や管理する環境以上の経済価値もある。これらの木々は人の心を惹きつける。数百万ドルの観光収益が毎年太平洋岸北西部を潤す。木々はそのメインアトラクションなのである。

このケースはラッキーだったとディッグスは振り返る。シェルトンの木材置き場から木のことが通報され、目撃者たちが集まり、ジョンストン家の土地の境界が明らかとなったからだ。この三つの条件すべてが、立件の難しさで定評のある木材盗伐事件の通例とは違っていた。「彼らはその木々に指紋を残さなかった」とディッグスはいう。「そして盗まれるとすぐに、木々は細かいブロックに切り分けて売られた」。ワシントン州やブリティッシュ・コロンビア州では、木材がKijijiやフェイスブック・マーケットプレイスといったサイトで買い手へ直接発送されることも珍しいことではない。材木が薪としてソーシャルメディアで売られることもある。それを製材所へもっていけば、そもそもの証書は期限切れか間に合わせであることも多い。

顚末の果て、シアトルタイムズ紙にリード・ジョンストンは（自分はハメられたのだと主張して最後まで否認を続け）、木材違法伐採は決して止まないだろうと語った。「国有林にはたくさんの木がある。奴らが盗みを働ける場所もね」。

第9章　ミステリーの樹

「外に出ようとしたら、みんなの視線が俺に集まってた」
――ダニー・ガルシア

住民が盗伐に手を染める

北からオリックに到達するには、世界で最も壮大な林地のいくつかをはるばる越える必要がある。森の境界を迂回するのではなく、森の中心を通って土地から土地へと導かれるのだ。ダニー・ガルシアは一九九四年、このルートを通ってワシントンからオリックへ帰って来ていた。恋人ダイアンはダニーの息子を生み、ふたりはそこで暮らすことにした。彼は製材所に職を見つけ、手ごろなレッドウッドを屋根板へと製材することをそこで学んだ。ガルシアは一軒の製材所、またべつの製材所というように仕事を得た。家族のルーツがそこにあったし、コミュニティもあった。要はそこにとどまる理由がたくさんあったのだ。

オリックに戻った彼の初仕事は、おが屑を掃いてシャベルですくったり、製材後の木を薄く削り取ったりと、いくぶん雑用めいたものだった。それに続く一〇年以上、彼はこの地のさまざまな製材業務に従事した。彼の次の仕事は、たとえばグリーンチェーンを引くことで、大量の加工製材の山を生み出し、それをサイズごとに選り分け、次の輸送段階へ引き継ぐことだった。その後、彼はフォークリフトを運転し、木材輸送トラックに積み込む仕事を始めた。積み込みは一番好きな仕事だった。多くのドライバーに話しかけ、始終動き回る。その役まわりはクリエイティブで、問題解決が求められた。「自分の仕事は自分で作るんだ」とガルシアは説く。加えて製材所の労働者は、周囲との人間関係や絆を作る。その仕事には人情があり、多くの信頼関係もあった。人々が固くつながっている。ガルシアは同僚の手を事故で潰してしまったことがあったが、同僚は作業現場の安全管理者に、事故の内容を偽って軽めに報告した。「そこまでしてくれることはなかったのに」といまのガルシアはいう。

同じ頃、サクラメントからの移住者リンとラリーはオリックにベージュ色のバンガローを購入して身を落ち着けた。リンの息子（ラリーの義理の息子）のデリック・ヒューズは、マッキンリーヴィルの高校一年生になっており、オリックから高校へ通っていた。ヒューズは中学時代、注意欠陥障害と診断され、注意力を保つためにリタリン*を服用していた。しかし高校三年のとき、彼は初めて覚醒剤メタンフェタミン*を試した。それが結果的にリタリンの代わりになり、ヒューズは一〇年間メタンフェタミンを常用し続けることになる。

ヒューズは母とその姉のホリーには近しかったが、リンとともにカリフォルニアから移って来て以来、実父とはあまり会うことがなかった。だが一六歳の頃、ヒューズは父とふたたび暮らすようになり、アイダホ州へいっしょに移り住んだ。ヒューズはアイダホで恋人ができ、カップルのあいだには一九九九年に娘が生まれた。妻がウェストバージニア州の出身だったため、夫婦は東へ移って結婚した。しかし結局ふたりは離婚し、彼女はアイダホへ娘を連れて戻り、ヒューズはオリックへ帰って来た。

二〇〇〇年代初め、国立公園での密採は合衆国じゅうで増大していた。当時、一九九六年から二〇〇三年までの期間だけで八〇〇件の窃盗が考古学的遺跡でおこなわれたことが調査でわかった。シカから魚、またハエトリグサにまで及ぶ自然窃盗は、少なくとも一七州でおこなわれていた。そこでは「盗まれないのは空気だけ」と国立公園局の代表が嘆いた。

二〇〇五年、クリス・ガフィー（オリンピック半島での一〇年前の仲間）は、レッドウッド国立・州立公園の岸辺で木材を盗伐しているところを捕まった。これについてレンジャーたちは、合計一万五〇〇〇ドル（約二〇〇万円）近くにのぼる違法売買のレシートを見つけた。彼らが木材を押収して証拠品ロッカーに収めたあと、誰かが押し入って「数百ポンド」の没収品を盗んだ。結局、裁判でガフィーは大量窃盗では無罪となったが、損壊については有罪が宣告された。公園のチーフレンジャーは当時、公園が窃盗や密採について寛容すぎると受け止めていた。将来は厳しくなっていくだろうと彼は言い切った。

二〇〇八年までに、ダニー・ガルシアの安定した生活は零落し始めていた。「数年でいろんなことが下り坂になっていた」と彼はいま語る。「オリックに戻ってみたけれど、地元のクズどもにとっつかまった」。ガルシアとダイアンは離婚し、ガルシアはパームカフェ・アンド・モーテルからハイウェイ一

ダニー・ガルシアと娘
（ジェニファー・パドック撮影、ダニー・ガルシア提供）

〇一を隔てて向かい側の、シャッターを降ろして寂れ果てた映画館二階の小さなアパートに移った。

四年後、ガルシアはカフェにぶらりと入り、オーナーを大声で呼び、食事客のグループを指して、「こいつらを殺すぞ」といった。彼はテロを図った脅迫の罪に問われ、厳しい規則のもとで三年間の保護観察下に置かれた。有罪判決を受け入れると、彼には保護観察官が当てられた。その事件が重要な引き金になって、彼はレッドウッド・クリークの近くの木から大量の木材切片とバールを盗み出した罪に問われることになる。

二〇一三年春のある真夜中のこと、アパートの外でガルシアはラリー・モロー*と会った。ラリーはこの町の新参者でＳＵＶをもち、パームカフェから見て通りを隔てた向かいにあるグリーンバレー・モーテルに滞在していた。ガルシアはモローにバールショップに木を売るためモローの名義を使わせてもらい、かわりに四〇〇ドル（約五万二〇〇〇円）をモローに支払ってあった。ふたりは車を飛ばし、鬱蒼と緑の茂る路肩でガルシアがモローに停まれと合図した。彼はモローに、数時間後に戻ってきて同じ場所で会ってくれと頼んだ。

その土地は急勾配だった。長靴を柔らかい林床の地面にめり込ませながら、ガルシアは傾斜を登った。数分以内に彼は高く聳えるレッドウッドの森のなかへと消えた。幅三メートルのレッドウッドもある。彼はその闇のなかへ、バッテリー電源使用のヘッドランプだけで道を照らしながらひとり歩き始めた。いまや彼は九〇センチメートルの刃を備えた大型チェーンソー「Ｓｔｉｈｌ ＭＳ66」を手にしてまるっきりひとりだった。

ガルシアは暇な時間に、よく森のなかを「目一杯」歩いた。彼はこう回想する。「藪のなかでも足を止めない。必要なときは足跡をつけとくよ。俺はどこでバールが盗られてるかを見るんだ。五〇年前、あるいはその前から[原注1]のバールをね」。彼はうろつきながら、ふんわりと産毛の生えたルーズベルト・エルク*の枝角が、生え替わりを期待させながら地面に落ちているのをじっと見る。ときにはシカそのものを密猟することもあった。「家族のために肉を獲る必要があれば、いくらかは獲りにいく」と彼はいう。

シカの角を探していると、彼はいつもバールを見つけだすことになる。ガルシアは歩きながら、地面から突き出た大きな茎に気づいたり、切り株の底部から新しい芽が生えているのを見つけることがあった。ときには地面のすぐ下にあるバールが表土を押し上げているのに気づくこともあったと回想する。「俺はいつも木のまわりにいたから樹皮に目が届いて、切っていいかどうかがじつによくわかったんだ」。

ガルシアはお気に入りだった飼い犬に自分を喩える。そそられる匂いを見つけると、その犬は飛び跳ねてあとをついていったものだった。何時間かして犬は自分の足跡をたどって帰り、ガルシアのアパートの玄関ドアまで戻って来る。ガルシアは良いバールの場所探しもこれといくらか似た方法だったと思い出した。金が必要なとき、彼は飛び出して自分の記憶をたどって歩くのだ。

二〇一三年春のその夜、彼はかねて狙っていた木に到達し、チェーンソーを回し始めた。「樹皮はおそらく二〇～二五センチの厚さがある。なかからバールが取り出せるのが俺にはわかった」とガルシアは回想する。「生涯に俺が切ったなかで、たぶん一番すごいバールのひとつだった」。樹皮の切片がなくなると、ガルシアはチェーンソーをペインティングブラシのように巧みに使い、徐々に幹の上の方へ上げていった。二時間のあいだに、彼はまず長さ二・四メートルの縦線を二本、幹に刻み込んだ。そして線のあいだに横線を入れるように切り、ガルシアはレッドウッドの木の外へバールを切り出していった。

彼はモローのSUVに満載するには十分な量の厚板を刈り取り、それをぐいぐい引っ張り始めた。レンジャーたちがあとから思うには、そんなことをするのはじつに大それたことだった。それだけの量の木材を運ぶからには、ガルシアは不整地走行車を運転して森へ入ったに違いないと。しかしガルシアは、何日もかけて手で移動させたのだと言い張る。

レッドウッドの周囲の林床に、ダニー・ガルシアは分厚いカーペットほどもあるおが屑を残していった。

盗伐集団〝アウトローズ〟と公園局レンジャーたち

国立公園局とカリフォルニア州立公園の合同サウス・オペレーション・センター（SOC）は、オリックの北端の郵便局付近に位置し、SOCのレンジャーたちは盗伐をするオリック住民たちの人間模様に詳しくなっていた。バール窃盗の危機のあいだ、町の小さなグループが「アウトローズ」のあだ名をつけられ、しまいには自分たちでもそう名乗っていた。

テリー・クックの住居は、地元では「クック・コンパウンド」として知られ、SOCのレンジャーたちはそこがアウトローズとその犯罪活動のアジトとして使われていると踏んでいた（ダニー・ガルシアの叔父で「人望篤い」とされたクックは、みずからを「オリック市長」と呼んでいた。オリックに市長はいないのだが）。最も目立つアウトローはクリス・ガフィーだった。彼はオリック界隈では、「国立公園から木々を奪う」という目標を表明していた（いまもそういっている）。長いあいだ地元の牧場経営者をしているロン・バーロウは、ガフィーが町で最も聡明な子どものひとりだったが、きつい道を選んでしまい、「他人に悪事を焚きつける」ことで知られるようになってしまったという。かつてRNSPレンジャーのローラ・デニーが木に仕掛けておいた追跡用カメラの映像を見直していたとき、彼女はガフィーに似た人物が自然公園でチェーンソーをもっている――しかし女性用のカツラとサングラスで変装している――のを見た。［原注2］「いまだからいうよ。俺は公園で木を採ったさ。確かに俺がやった」。ガフィーは二〇二〇年九月、私に電話でそういった。「難なく採れたよ。だが伐り倒したんじゃないぜ。地面から切り出したり、いろいろだ」。

プレストン・テイラーがレッドウッド・クリークの盗伐現場のことを報告した後、レンジャーのロジー・ホワイトはまもなくアウトローズのメンバーを捕まえて告訴できるかも知れないと感じていた。盗伐された木の近くの茂みに防犯カメラを隠した後、彼女は盗伐者が現場に戻り、うっかりしてビデオに映ってしまうのではないかと待った。その頃レンジャーチームは町周辺の情報筋を当たっていた。オリックの町と海岸沿いの二〇軒ほどのバールショップで聞き込みをおこなったのだ。

このとき、レンジャーのデニーは隣接するデルノルト郡にあるクレセント・シティの町へ北上し、あとで南のユーレカへ向かった。店から店をめぐり、彼女は経営者たちに彼らが買った木のことを尋ねた。手順は単刀直入だった。「最近木を買ったのはいつ、誰からですか？　書類を見せてもらえますか？」と彼女は訊く。何軒かの店は対応がちぐはぐだった。営業許可証はウィンドーケースのなかやレジの近くに掛けてあるのに、商品については書類を保管していなかった。他の店では、書類はないけれど、事業許可証番号はすらすらと即座にいうことができる。さらに書類はなくても誓って自然公園の樹木など買っていないといい、買った厚板が合法か違法かなど一目で見分けられると主張する店もあった。

デニーが赴いた店のなかには、まるでレンジャーが店のドアをノックする瞬間を予期していたかのように、何もかも完璧に取り揃えている店が一定数あった。店頭でしか木材の売買はしていない店もあれば、eBayのようなウェブサイトを使っている店もある。だがどの店も、自分たちの商品は民間の伐採企業や民有地の所有者を通じて、合法的に伐採されたものだと信じているといった。

合板用に伐られる地表面下のバールは非常に大きく、木全体を引き抜かなければならないほどなので、バールショップは幹にできる比較的小さいバールを闇で取引するのが常だ。ある生態学者が「一種の木こぶ」と表現したこのバールには、次のような二種類がある。ひとつは「ガーゴイル・バール」[*]で、樹木の基部にでき、ちょうど聖堂の石の突起部分に見えるガーゴイルのように外と下方向へ伸びていく。もうひとつのタイプのバールは幹の外側にできる小さなグローブのような外観で、ふくらみを形成して樹皮から外へ向かって成長していく。

ほとんどの盗伐者はバールショップのオーナーを知っている。オーナーの立ち位置は、伐採業者と購買客の中間だ。正規のオーナーたちは、絵画や彫刻について美術品ディーラーがするように、木材の出自の厳正な証明を要求する。しかしすべてのオーナーが正直なわけではない。「私は地元連中からは買わない」というのがハイウェイ一〇一沿いのバールストアで共通に繰り返される言い分だ。デニーは聞き取りのなかで、あるバールショップのオーナーから「奴らが樹木の持ち主かどうかぐらいはわかるよ」と聞いたが、彼はその後、木が自然公園で採られたものかはわからなかったと認めた。「もしやばい木だと思ったら、決して売りはしない」と証言するオーナーもいた。

しかし実際は、バールの盗伐事件を捜査する際にバールショップが最初の糸口となることを簡単な統計がやはり示している。オレゴンとサンフランシスコのあいだには数十軒のバールショップが繁盛しているが、合法的木材はそれに見合う数しか流通していない。

盗伐木材のあまり一般的ではない出荷の方法としては、もし盗伐者にその腕とコネがあればの話だが、小規模な製材所の求めるままに書類を捏造してしまうことがある。ある製材所では、原生林の木材がすぐに売れることを知っていて、料金の受け取りを急いでいるせいもあり、足りない書類や「遺失した」という書類には目をつぶることがある。販売がおこなわれるまでには、盗伐者の捕捉が時すでに遅しとなっている。たとえ製材所が書類なしの木材を売るところを逮捕されたとしても、その木材が一度加工されてしまっている以上、切り株と照合することはできないのである。

その代わりレンジャーは、木材を売ったり削ったりできないようにするために、盗伐者を告発する匿名の秘密情報に頼る傾向がある。デニーの聞き込みのあいだ、オリックのあるバールショップのオーナーが、アウトローズの誰かから木材を買ったこともあると認めた。彼の知る盗伐者が盗みをやめて、屋外労働をしながら「真人間に」なるべく働いていることだってあると彼はいった。そのバールショップのオーナーは、木の色と年輪を見るだけで自然公園から盗んだものかどうかはわかると断言した。切り倒されたものではなく水から引き揚げたものだと主張する木材の方へデニーをうながしながら、彼はいった。「あの木は長いこと川のなかを漂っていたんだ」。

盗品のチェーンソーと圧搾機を押収

二〇一三年五月一五日、ロジー・ホワイトとローラ・デニーはレッドウッド・クリークのトレイルの起点で車を停め、伐採現場までの短い道を歩き始めた。ふたりがトレイルを歩いているとき、ホワイトは地面の上に、腐葉床（部分的に腐った葉、枝、樹皮が蓄積している林床）を押し分けて土をこすった跡を見つけた。伐採現場までずっとその跡を追うと、ふたりはかつて損壊した木の真向かいに新しく伐られた木を見つけた。一カ月前に残されたバールの厚板はもち去られており、ホワイトはあれが不整地走行車で伐採現場から引きずられていったのかも、と声に出して疑問を発した。ふたりはあたりを見た。現場近くの山腹六〇メートルが踏み荒らされ、転がされた木塊の重さに地面が押しつぶされていた。木は五カ所の部分がめった切りにされていた。その傷は一〜二・五メートルの高さまでひろがっていた。

隠しておいたカメラを確認したが、何も成果はないとわかった。ヘッドランプからの明るい光が人影をぼかしてしまい、現場を誰が訪れたかが確認できなかったのだ。

四日後、ダニー・ガルシアとラリー・モローは「ツリー・オブ・ミステリー」という店名のクラマスのバールショップ〔原注3〕の入荷品置き場へ車で入っていった。ふたりは八枚のバールの厚板をモローのSUVから荷降ろしし、店のオーナーに見せた。

「これはどっから来たもんだ?」とオーナーは聞いた。ガルシアの返答はあいまいだったが、マッキンリーヴィルの家族の土地の木から採ったものだといった。すこし値段交渉をしたあとで、三人はバール厚板一枚あたり二〇〇ドル(約二万六〇〇〇円)で合意した。オーナーはモローの運転免許証を受け取り、収支記録のためにコピーを取り、一六〇〇ドル(約一一〇万円)の小切手を切り、ショップツアーの回数券をふたりに渡した。

翌週、パークレンジャーのエミリー・クリスチャンは知らない番号からのFAXを受け取った。

よう、「ミステリーの木」に会いたくねえか? 二日前、ダニー・ガルシアから厚板に切ったバールを一六〇〇ドルで買い取った奴らさ。

翌朝、クリスチャンとデニーはSOCからバールショップ「ツリー・オブ・ミステリー」まで四〇キロ北へ車で向かった。その事業所は道路沿いの観光アトラクションでもあり、カリフォルニア州北部と太平洋岸北西部の自動車旅行客たちからはなかなかの悪評を得ている。五階建てビルの高さのポール・

バニヤンが同様のサイズのベイブ・ザ・ブルー・オックス*をつき従えて、客に挨拶しているのだ。二〇〇一年九月一一日に起きたアメリカ同時多発テロ事件後の数年間で、目が離せない（これは比喩ではなく、物理的にだが）観光スポットとしてのツリー・オブ・ミステリーの位置づけは、合衆国国土安全保障省がテロリストのターゲットのひとつに特定するほどのものとなった。

クリスチャンとデニーが車でやって来た日、オーナーはダニーという名でしか知らない男から、祖父母の土地で伐ったというバールを一六〇〇ドルで買ったと認めた。オーナーはふたりのレンジャーに、自分の書いた小切手とラリー・モローの自動車免許証をコピーで見せた。ショールームのフロアで、彼はふたりをそのとき購入した四枚のバール厚板のところまで案内したが、いまは一枚七〇〇ドル（約九万二〇〇〇円）で売っているといった。あとの四枚は奥にあった。オーナーはレンジャーたちに、これらは商品陳列棚からはずしておくと約束し、デニーは木の縁の接写や木目の模様など、バールを写真に撮っておいた。

デニーとクリスチャンは急いでトラックに戻り、レッドウッド・クリークの伐採現場まで飛ばした。カメラのレビュースクリーンを高く掲げて、ダニーは厚板の写真を木の切り口と比べてみた。樹皮も木目の模様もしっかり合っていた。こうした詳細が確認できたので、ふたりはツリー・オブ・ミステリーから木を押収し、提供者を追跡し始めるための十分な証拠をつかんだ。レッドウッド・クリークを去るときに、ふたりのレンジャーは映画館の上階にあるダニー・ガルシアのアパートにまず立ち寄った。デニーはドアをノックしたが、誰も応えないので、ふたりはハイウェイを引き続き戻り、バールを押収しにいった。

その日時間がたってから、ロジー・ホワイトはガルシアのアパートに戻った。ドアをもう一度ノックしながら彼女は叫んだ。「ダニー、私。ロジーよ！」。これにも応えがなかったが、このときは室内でテレビがついているのと、犬が吠えているのが聞こえてきた。

二時間後、ホワイトは最後にもう一度来てみた。今度はデニーやハンボルト郡の警官が付き添っていた。ガルシアはパームカフェでの恐喝事件後、まだ保護観察中だったので、ホワイトたちはアパートに入り、任意捜査をすることが許可されていた。ガルシアのドアのまえに立つと、ホワイトは二度ノックしながら、ドアの外で警官と自分がつらなって立っているのを意識した。またしても返事がないので、ホワイトが鉄梃（バール）を使って外枠からドアをこじ開けて覗き込み、デニーといっしょにアパートに入った。

急にガルシアの犬がふたりの女性を威嚇してきた。ホワイトは犬をなだめ、犬が寝室へ駆けていったあと、後ろから寝室のドアを閉めた。ガルシアがアパートにいる気配はなかった。ただしダイアン——ガルシアがいまでもいい仲の女性——がシャワーを浴びていた。「ガルシアはきっとテリーの家にいる」と概要報告書に彼女の言葉が引用されている。「私はオリックで木を盗んだ者を知っている。ダニーが仲間たちと夜間に外出したことも」。

ところがガルシアは、じつはその場にいた。彼のアパートの屋根裏は、姪のアパートの壁を共有していたので、ガルシアは簡単に化粧ボードを蹴破って通り抜け、垂木を登って姪の部屋に降りていた。彼はそこで追跡者たちから三時間身を隠していた。

ホワイトは翌日、映画館の裏手に車を停めて張り込みを始めた。踏み込む必要が生じたとき、彼女は通りの向こうのパームカフェの店員に、ガルシアから目を離さないでくださいと頼んだ。店員たちのひとりが店外に配置された。その日の朝、店員たちはひとりの男が九〇センチ刃のチェーンソーを抱えてガルシアのアパートから出ていったのを見たとホワイトに報告した。

その日あとになってから、レンジャーたちはテリー・クックの家にガルシアを探しにいった。彼らはトラックを停めると、盗品と思しき機器の山を通り、玄関まで続く舗装されていない通路を歩いた。このクック・コンパウンドの庭は仕事にも使う日常用の機材や物の山であふれていた。車は修理か部品交換を、木の山は製材を、薪はくべられるのを待っていた。

レンジャーたちは玄関ドアをノックしたが、ガルシアがそこにいないことは知っていた。彼らは敷地に六台のキャンピングカーを見つけ、地面の上にあった伐採器具のシリアルナンバーを写真に撮った。公園局の倉庫から去年盗み出されたチェーンソーが、まだ見つかっていなかったのだ。アラスカ製圧搾機はシリアルナンバーが見つからなかったので、圧搾機は押収した。

オフィスに帰ると、ホワイトは自分あてのボイスメールを見つけた。

おい、ロジー。テリー・クックだ。いま家に帰ったとこだが、あんた庭に踏み込んで、俺と三〇年も連れ添ったアラスカ製ミルをもっていきやがったな。てめえで返しに来な。さもなきゃ俺がそっちへいって材木の投げ売りでも始めりゃ、あんたら大満足だろう。あんたらの自然公園なんぞいったことはねえ。てめえで返しに来ねえんなら、いまから行動に出るぜ。ファッキン・ビッチめ！

第10章 ターニング

「昔は違法なんかじゃなかった。なんでいまはそうなった?」

——デリック・ヒューズ

木地師

デリック・ヒューズは学校を出るまでには腕にひと通りの覚えがあった。彼はとても細身なので、顔がやせこけて見え、特徴がはっきりしている。分厚い唇、細い鼻筋、横に出っ張った耳。自然な成り行きでチェーンソーを使うようになり、木を「ターニング」して削り、お椀や何かを木彫りで作る技を独学で身につけた。ターニングとは、切った木塊を轆轤(ろくろ)の上で回転させ、鋭い刃物のエッジにめまぐるしい速さであてがうことをいう。ウッドターナー*は、木がすんなりと柔らかに曲線を描くまで巧みに器具をあやつり、木を削ってボウルやマグや花瓶を作る。その手練(てだ)れは日本の石庭で砂に流線を描くところや、インフィニティプールのへりから水がこぼれるさまでも見ているように魅惑的だ。ほとんどのウッドターナーは自分の作品をバールショップに売る。その後、それは小売業者に売られる。ヒューズはバールの木椀一個につき三〇ドル（約三九〇〇円）入ると見積もっている。

オリックにあるリン・ネッツのバンガローは、目の前に太平洋がひろがるヒドゥンビーチの向かい側、レッドウッド・クリーク河口から車ですぐのところにある。成長してからヒューズはよく町の仲間と海岸で薪を拾ったり、サーフフィッシング[*]をしたりした。オリックの町では木が生活と切っても切り離せないことを、ヒューズはじきに知るようになる。

嵐の日にレッドウッドの森を強風が吹き抜けると、森の斜面の大枝小枝や立ち枯れの木は地面に押し倒され、水にさらわれ、川の流れを下って海の上げ潮や満ち潮に呑み込まれる。木はレッドウッド・クリークの水面をたゆたい、果てにはオリックへ到り、川岸の縁にたどり着く。そこではたやすく――そしていつも――木を拾うことができた。

とはいえレッドウッド・クリークの所有形態はまちまちで、公有地と私有地が見分けにくくなっている。かつて自然公園の土地に根づいたレッドウッドが、倒れてレッドウッド・クリークの水に運ばれるかも知れず、私有地に流れ着けばその土地の地主が収穫できる。しかし木はレッドウッド・クリークをはるばる下り、海に流れ込むことも多い。海の潮はその木を土地に押し返し、ヒドゥンビーチに押しとどめる。従来、町の多くの人々はその木を家の暖房に使ったり、柵柱用に売ったりしてきた。そしてビーチに漂着した幹は拾い上げられ、トラックの荷台に積まれて売られるか、将来の資材用にバックヤードで保管される。「そういうのは全部やったよ」と地元の牧場経営者ロン・バーロウは回想する。「木は

デリック・ヒューズがターニングで作ったレッドウッドのバールの木椀
(デリック・ヒューズ撮影)

オリックのデリック・ヒューズの住まい
(デリック・ヒューズ撮影)

誰のものでもなかった。まあ州のもんだろうが、誰もそんなこと気にしちゃいない」。

ヒドゥンビーチで木を拾うことは、二〇〇〇年にレッドウッド国立・州立公園の西側境界がレッドウッド・クリークの河口と海にまで拡張されてからは制限された。その年、同公園は海岸や砂地に車両で乗り付けるのを禁止した。その計画は、パーク付近のレンジャーたちがたえず携わってきた問題に対処したものだった。多くの人々が木を積み込みに車でやってきたり、フィッシング用ボートで着岸したりする自然公園内の海岸の一角で、交通渋滞が物議をかもしている。ヒドゥンビーチは、海岸線に点在する砂浜に営巣するユキチドリの里である。こうした砂地へのどんな迷惑行為も——たとえばガソリン走行車両による乗りつけも——、回復しつつある絶滅危惧種ユキチドリの繁殖を危うくする。木の採集とサーフフィッシングの許可証は給付できるが、新しい規則では木の採取がキャンプファイヤー以外の目的では難しくなった。新規のフィッシング許可証の給付も停止され、現在所有中の許可証を更新するのも困難になった。

海岸での木材採集禁止がもたらす住民と公園局のあいだの緊迫

レッドウッド国立・州立公園は、車両を寄せつけないために大きな鉄扉を立てたが、生物群集で人気を集めているトレイルへのアクセスがそれによって遮断された。その新しい規制（特に許可証申請のための要件）は、すでに木の利用を監視され取り上げられてきたこの地域社会に対する、もうひとつの官僚主義的な押し付けを意味していた。予想されていたことだが、オリックにはふたたび緊張が走った。

ヒューズは自分のまわりでひろがる変革の結果を目のあたりにした。彼は町が怒りをあらわにしてい

部分的に切り取られ、オリック周辺のヒドゥンビーチに残る木材
(リンジー・ブルゴン撮影)

たのを覚えている。住民たちは公園の役人たちに「生活手段を奪われた」とし、オリックをゴーストタウン化したがっていると詰め寄った（非難はいまもエスカレートしている）。

続く数年で、漁師たちは海岸法違反の取り締まりを受けた。ある地元実業家は、この公園に対して訴訟を起こし、自分の行動を告知するための広告をユーレカ・タイムズ・スタンダードに載せた。見出しは「包囲網のなかのオリック」だった。別の漁民は公園を相手取り、生活できなくなったことへの訴えを起こした。

「セイブ・オリック」委員会が召集された。二〇〇一年、その委員会は「極端にグリーンな団体と土地管理官庁の環境保護行動目標のせいで、過去三〇年にわたりわれわれの地域社会で起こっていることに目を向ける」ための集会を催した。倒木がビーチを長年塞いでいるのを見て、地元住民たちは激怒していた。流れ着いた木が層をなし、場所によってはその層が分厚すぎて海への地下水の流出がせき止められ、近くの乳牛牧場に水があふれていた。地元民はテリー・クックも含めて、木がビーチまで達するまえに川岸から木をもち出し始めた。公園の土地の境界線の外へ流れ着くまで待ってから木を拾うこともあれば、待たずに拾うこともあった。

事態はさらに悪化した。

二〇〇三年、合衆国森林局はオリックの真南の砂浜、フレッシュウォーター・スピットでの夜通しのキャンプと木材集めを禁止した。そこはＲＶやトラックが三列駐車になっていることも多かった（公園局から見れば、景観美のハイウェイ一〇一を渋滞させる数千台ものトラックは「アルミニウムによる景観被害」を生んでいた）。フレッシュウォーター・スピットの決定で地元は一触即発となる。この時期に多くのオリック住民が集会を開き、セイブ・ザ・レッドウッズ・リーグの歯に衣着せぬリーダー、ルシル・ヴィンヤード（ミドルネームは「マザー・オブ・レッドウッズ」）は、公園局に圧力をかけてキャンプ場を一斉撤去させたらしい[原注1]と伝わっている。しかしバーロウはスピットでキャンピングが「制御不能」になっていることや、容量オーバーの駐車によってビーチに人が入れなくなっていることに気づいていた。

キャンピングについての決定に、オリックの住民は憤慨した。彼らは「公園局の人々がトラックを見たくない」からといって、自分らの商売がとばっちりを食うのを恐れていた。ワゴン・ホイール・バールの経営者ジェイムズ・シモンズは、バール製のテーブルを確実に週一台、キャンピングの客たちに売り、その商品で彼の食費をまかなっていたのにと報告している。

よくよく考えれば、彼らの言い分もゆるがせにはできない。地域外に住み、原生自然の美しさを求めてやってくる来園者たちに、保全至上主義の人々が便乗しているように見えるいまは特にそうだ（合衆国森林局は敷地内で贅沢なキャビンをレンタルし、パークス・カナダは暖房つきの遊牧民テント「グランピング」を提供している）。オリックの住民たちが公園主催の公聴フォーラムに参加したときには、「よっぽど会場の屋根を爆破してやろうかと思ったよ」と元伐採業者のスティーブ・フリックは回想する。「俺たちは観光でも食ってたんだ。観光が必要だった。それがいまじゃ町のショップの半分さ。真夏の収入が入ってくるのは。夜遊びに出る暇もなく働くロガー抜きには稼げやしない」。

緊張が高まるにつれ、ハイウェイ沿いには抗議者とデモ参加者があふれた。レンジャーたちには死の危険が迫り、鉄パイプ爆弾が屋外トイレで見つかった。公園局はSWATチームに援助を求めた。

地域住民は内務省に手紙を書き、レッドウッド国立・州立公園でフレッシュウォーター・スピットでのキャンプの回復と、木の採集制限の解除を要求した。町と公園を和解させるため、国家による仲介人を指名することも内務省に求めた。提案された変更をくわしく述べ、読者に政府代表者たちへの投書をするよう請願しながら、「オリックの地域社会へのとどめの一撃が迫っている」とハンボルトタイムズ掲載の広告で警告した。同紙の広告は、ともに動こうとする人々へのアピールとともにこう結んであった。「P.S. これを読んだなら、国のSWATチームはレッドウッド国立公園サウス・オペレーション・センターに待機を。包囲は現実となっている！」。

第11章　劣悪労働

「それが全世界さ。そこが居場所なんだ。一瞬も疑っちゃいけない」
――デリック・ヒューズ

高レベルの貧困率とインフラの不備

オリックに住むと、デリック・ヒューズは一種のギグワークに入っていった。かつて母親がしていたように、グレイハウンドバスの遅番で働いた。町の商工会議所で庭の芝生を刈った。自宅の通りの向かいの家で改装を手伝った。

こうした仕事のやり繰りはヒューズにかぎったことではなく、また一時的な雇用のあり方でもなかった。オリックの貧困率は二〇二一年に二六パーセント〔原注1〕だった。さらに町の困窮状況となると、とてもつかみきれない。家々の多くはメンテナンスもそこそこに、失速した時代をまざまざと映しだし、立ちつくしていた。わずかにガソリンスタンドと小さな食品マーケットしかないため――食品価格は近隣都市の大きな食料品店に比べて優に二倍だ――オリックは食糧砂漠だった。

アメリカの最も代表的な自然景観のひとつに接するこの町が、どうして観光マネーに浴せないのだろうか。なぜ夏の真っ盛りでさえ街角が死んでいるのだろう。見たところその答えは、ささやかで単純なディテールに凝縮されている。オリックの商工会議所は、花を植えたプランターを置いたり、標識を設置するといった道端改装プログラムの実施に取り組んできた。ところが住宅やオフィスのオーナーたちは改装に投資をしなかった。バカンス用の貸家もほとんど提供されていない。ソーシャルプランニングの機会は生かされなかったのである。

町の衰退と経済の難局が、一種の悪循環につながっていた。ある研究によると、過去五〇年での地方自治体の経済社会的変化によって、高い貧困率がインフラの不備とあいまって、近隣地域全体にのしかかる状況を招いてきたという。これはオリックでは顕著だ。二〇一四年、小さなメキシコ料理店が閉店し、二〇一九年にはパームカフェ・アンド・モーテルがそれに続いた。残ったのは町でただ一軒のレストラン、スナック・シャックである。林業にちなんだ名前のついた軽食（「丸太のテラス（ログデック）」、「流木の雫（ドリフトウッド・トッツ）」、「炎のアカシア（フレイミング・レッドウッド）」）を提供するピクニックテーブルのあるテイクアウト食品店だった。映画館は完全に閉鎖し、生徒が一〇〇人に満たない小さな学校が、過去数年のあいだ度重なっていた閉鎖の危機をかろうじて免れていた。

ジム・ハグッドは母親が世を去ると、町の中央で両親が経営していたハグッズ荒物店の経営を継いだ。それまでは家族の食い扶持を得るため、できることは何でもやっていた。軍隊にも従軍したし、森に入って木を伐採し、ユーレカやデルノルト郡の市場に運んで売りもした。彼と妻のジュディが育てたひとり息子とひとり娘は、町の有志消防団の活発なメンバーだった（いまでもそうだ）。

ジムはいま、オリックで最も古株の住民のひとりとなっている。彼はハグッズ荒物店の裏手の家に住み、離れには倉庫をもち、そこには将来予想される災害に生き残るための保存食品をたっぷりと蓄えてある。彼は町の古株一番手との僅差で二番手となっているジョー・ハフォードと定期的に会っていた。ジョーの祖父母はレッドウッド・クリークで最初の製材所を開業しており、ジョーは三世代目のロガーだった。

ハグッド一家はハイウェイ一〇一に面した店のショーウィンドー越しに日々を送る。つまり毎日を店内で過ごす。店は思い出のグッズを集めたお宝箱だ。新聞の切り抜き、写真、古道具、そしてジュディが小児病院に寄付している自作のキルト作品――。店は客たちに、白いプラスチックフォークを添えた小さな紙皿でパイを差し出す。その腕の下には「米国退職者協会誌」のバックナンバーが積まれている。棚の上のアイテムのほとんどは分厚く埃をかぶっていて、色褪せた米国ボーイスカウトのペナントが、剝がれ落ちそうなかび臭い天井タイルから吊り下がっている。入り口のそばには売り物の薪がある。その近くの床には、ジムが自家栽培したレモンキュウリを山ほど入れたプラスチック瓶。ジムは一握りの新鮮野菜を使いまわしの食料品店の袋で包み、帰り道に食べろと私に勧める。

ジュディはレジのうしろの止まり木に腰かけているが、声が聞こえるまでは姿がつかめない。携帯無線機を握っていて、郡のあちこちを飛び交う生気のない声がガーガーと響いてくる。ジムは広めの折り畳みテーブルで愛想を振る舞い、まわりの壁には栄えていた頃のオリックを讃える写真が貼られている。

元の入り口ドアは、いまは開かなくなっていて、伐採用のスパイクブーツやヘルメットが天井から吊られている。店を出る頃、私のブーツとメガネはネバついた埃に覆われていた。

ハグッズ荒物店のような思い出の宮殿では、過去にたやすく魅了されてしまう。町の穏やかな日々——オリックが五カ所の製材所と二二の搾乳所を抱え、郡全体には四〇以上の製材所が点在した頃——が愛惜を込めて振り返られる。「俺たちはオリックを林業コミュニティとは思ってなかったよ」とハグッドはいま語る。「絆で結びついた町さ」。ジョー・ハフォードの母テルマ（テリー・クックの母のテルマではない）はアーケータ・ユニオンへ週ごとに速達便を書き送り、毎年恒例のバナナスラッグ・ダービー[*]の話や、オリックの自然の美しさを褒めちぎった詩をしたためた。今日、この自然公園の管理は無駄が多く、不手際で、間違っていると見られている。「この町を統治されるのは、もう淋病と同じくらいたくさんなのに——」とジム・ハグッドはいう。

「気力喪失労働者」と呼ばれて

オリックのいまの社会問題は、三〇年間もこの地域を翻弄してきた失業の波と分かちがたく結びついている。文筆家でソーシャルワーカーのジョゼフ・F・マドニアは、「解雇されると、職を失った人々の自尊心は浅からぬ痛手を受ける」と書いている。事実、失業はトラウマの源泉だ。「生活全体が仕事とつながっている」とマドニアの調査研究は締めくくられている。そして企業の町に暮らしたり、生涯ひとつの会社でポジションを得たりしている人々にとって、失業は「深いショックである。仕事と会社は彼らのアイデンティティと緊密に結びついているため、第一の反応が危機感なのである」。

その危機感はオリックにも、他の太平洋岸北西部自治体にもまだ表れている。一九八〇年代のカリフォルニア林業地域における失業影響の調査で研究者のジェニファー・シャーマンは、低下した自尊心がしばしば薬物乱用や、家庭内虐待や、犯罪につながることを発見した。「伐採業は、生活パターンを形成する軸である。働くことには重大な意義がある。そして労働のないところには、多くの困難がつきまとう」とシャーマンは書いている。

その意義とは、大部分が専従労働に根差している。伐採業者は天候にかかわりなく、酷暑のもとでも、長雨のあいだも働く。土地、気候、環境、膨大な労働量が理由となって、伐採業特有の危険は少なくともある部分、それを引き受ける人間のアイデンティティをも培ってきた。仕事によって身に着くプライドの一部は、上の世代が森林に身を投じてきたという認識から生まれる。社会学者のクレイトン・デュモンがかつて記したように、こうして生活の中心的な意義が「伐採という専業に文字どおり心血を注いできたことから発生する」。

働く機会はよそにもあった。だが太平洋岸北西部の中心的な住民は、地域への密着を感じていたため、林業が衰退してからも移住を拒否した。彼らは自分たちの知っているやり方で仕事のために奮闘したのだが、それはじきに悲壮感へ、次には怒りへと変わっていった。結局その調査では、太平洋岸北西部での木材違法伐採が「文化的慣習」の一部と性格づけられ、かつて共有されていた伝統を強化しながら、地域社会の受容に到る道を提供するものとされた。

シャーマンの研究がのちに結論づけたところでは、恥辱、罪悪感、病、ストレス、そして薬物中毒症状が、太平洋岸北西部の産業衰退に続いて起こった失業の兆候のすべてだ。「農村地域では」と彼女は記す。「産業の衰退がとくに荒廃を招く。斜陽産業の仕事の中心に形成される『生き方』の喪失につながるからである」。他の調査では、多くの回答者が心情的・財政的な支援にはあまり長いこと依存したくないと答えた。自分が生産的でないことを思い知らされるからだという。シャーマンが見たところでは、失業が不安を育て上げてしまっていた。たとえば家族構成は、ある父母が仕事のために移住したり、失業の影響で離婚したりすると変化することが多い。家族の絆への影響が否めないのである。一九九〇年代後半に、ハンボルト郡のある教師は説明した。「父親が森で働けば、その息子は夢がもてる」。その伝統は、仕事が枯渇するとともに失われた。

多くのロガーは、もはや存在しない仕事で存在証明をしている。彼らが育った頃には繁栄を約束してくれた仕事だ。いまの新しい時代に、彼らが自分の居場所を見つけるのは難しくなった。失業者の多くは、妻たちが働きに出るようになると無力化したように感じた、と報告している。シャーマンによれば、家族のなかに「全般的な不調和」が起こり、発言力争いや、怒りの浸透や、さらに薬物乱用のような自己破壊行動につながる。調査を受けた失業者の八〇パーセントは、通常よりもイライラしたり不満が募ったりしているといい、そうした感情を打ち消すことができるのは仕事だけだと語った。しまいには失業の心理的圧迫が嵩じるあまり、経済的な心配よりも精神衛生の低下の方が重くのしかかるという回答者もあった。

このことが結局は、労働統計局の呼ぶ「気力喪失労働者」という集団につながる。働きたくても仕事が見つからず、ついには職探しをやめてしまう人々である。こうした労働者の大部分は「技能なし」、「学歴なし」と分類され、失業率の高い地域に住む傾向がある。これは時を経れば緩和されるというものではない。二〇世紀後半の失職の多くは変化が見られず、少なくとも安定した常勤労働や公正賃金を保証された労働がこれにとって代わってはいない。それどころか非常に多くの「劣悪労働」が発生している。最低時給や首尾一貫した報酬が約束されない、低賃金のアルバイトや契約労働、または労働組合の規約に従わない使役労働である。劣悪労働はおもに大卒の肩書のない人々で占められる。「急成長中でハイテクな繁栄都市には彼らはなじまず、グローバル化とロボットによって脅威にさらされている仕事を割り当てられています」と、この問題を幅広く研究してきたプリンストン大学の経済学者、アンヌ・ケースとアンガス・ディートンは説く。

四年制大学の学位をもたない男性は一九七九年から二〇一七年のあいだに購買力が一三パーセント低下した。それにともなって起こる自尊心・職場帰属意識の喪失は、「自分の組織や重要なものを離れたり絶たれたりした生活」を余儀なくさせてきた。ケースとディートンはそれも強調する。

オートメーション、グローバル化、そして高まる学歴需要は、政策や制度の失敗もあいまって、社会とのつながりがなく不安を抱えている人々の発生につながった。労働力から落ちこぼれ、職探しをやめてしまった男性たちの数は、一九五〇年代の約五倍にもなっている。その結果は多くの地域で深刻に受け止められているコミュニティ・トラウマの形成だ。世代を超えた貧困、長期の失業、荒廃する環境、断絶する社会関係、それに壊れゆく社会規範である。

現在のオリックとフォークスは、このトラウマの影のなかに輪郭をむすんでいる。この二つの町はともに、国内でも一、二を争う観光資産を有する。ところが「ここには所有なんてないよ」とジム・ハグッドはいう。「仕事がないんだから。伐採業は死んだ」。観光事業の活況に目をつけるどころか、オリックは「投下資本不在の町」になってしまった。観光に特化した事業を始める代わりに、人々はあり金をもってこの町を去っていった。

地域じゅうにひろがる薬物使用

失業が情緒にもたらす変化は、地方におけるメタンフェタミン使用がひろがるにつれて起こってきた。一九八〇年代、国内のほとんどがコカインの蔓延で取り乱しているあいだに、カリフォルニア州北部と太平洋岸北西部の農村部の郡にはメタンフェタミンの使用がじわじわと浸透していた。サンフランシスコの一地区ヘイト・アシュベリーにあるクリニックの薬物中毒専門医たちが当時警告していたのは、メタンフェタミンが州内の暴走族たちのルートをたどって来ており、ヘルス・エンジェルスやジプシー・ジョーカーズが遠隔の農村地区で売り買いしているということだった。

メタンフェタミンが太平洋岸北西部じゅうに蔓延する二〇〇〇年代初頭までにはカリフォルニア州北部の最も重大な薬物脅威と考えられるようになった。合衆国のメタンフェタミン使用者の四人にひとりはカリフォルニア州の住民で、自宅や裏庭の物置きでそれを生産していた。州司法局の報告書には、メタンフェタミンの家庭乱用のケース、その製造のしやすさ、入手しやすさが特記されている。二〇〇四年には、ポートランド警察が市内のメスハウス*に関するおびただしい苦情に出くわした。バンクーバーでは、悪名高いダウンタウン・イーストサイドの低料金ホテルの客層が、かつての活気づいていたロガーたちから薬物使用者や精神疾患を抱えた人々へと変わった。

当時のドラッグ治療では、覚醒剤メタンフェタミンと仕事の関係についてはあまり着目されていなかったが、メタンフェタミンはそもそも労働者のドラッグとして発達したものだった。第二次大戦中、アンフェタミンは軍隊の活力を維持するための依存性のある向精神薬だった。日本人が「闘争心をかき立てる薬」という意味で「戦力増強剤」と呼んでいたものである。時代を経てメタンフェタミン使用は、労働時間が長引いても迅速かつ慎重な作業を要求される長距離トラック運転手や製材業者のあいだで重宝されるようになったのだ。

「苛酷な人づかいへの対処法として（メタンフェタミンを）使っているたくさんの人と実際に会いました」とハンボルト郡の薬物依存カウンセラー、マイク・ゴールズビーはいう。メタンフェタミンは安く製造できるという利点もあった。「あの（木材の）業界が衰退し始めた頃、メタンフェタミンは他のドラッグに比べたら安かったんです。だから人々が薬物使用に溺れる手立てになりやすかった」。

政府は二〇〇〇年代初頭、はびこるメタンフェタミンの撲滅に包括的に取り組んだ。メタンフェタミンの主原料となるプソイドエフェドリンを含み、かつて店頭販売されていたかぜ薬には、成分表示を義務づける州もあった。しかし二〇〇〇年代末までには、蔓延するオピオイドが覚醒剤取引の主流となる。メタンフェタミンは人気が下火になりはしたが、すっかり消えたというには程遠かった。いまだにビッグビジネスに化けていた。もはや裏庭で作られることはなかったが、代わりにカルテルを通じて仲買人の手に渡っていた。

薬物使用と失業の関係は複雑だ。失業したからドラッグを用いるのか、それともドラッグに手を出したから職を失うのか。ジェニファー・シャーマンの研究のひとつに、薬物乱用につながる貧困・失意・自己嫌悪のサイクルが説明されている。有害なフィードバック・ループがそこにある。失業率はメタンフェタミン使用者のあいだで高く、薬物使用は長引く失業を助長し、薬物使用者は仕事が得られなければさらに薬物に浸りがちだ。

ジム・ハグッドは、オリックには三つの教会があるという皮肉を好む。「カトリック[*]、バプティスト、そしてクリスタルメスだ」。オリックではもっと広範な薬物使用を彼は見てきており、ハンボルト郡じゅうの他の証言がそれと呼応する。ユーレカの薬物依存対策局に勤める男性がいうには、オリックはあまりに多くのオキシコンチン[*]が街路で取引されているため、「オキシの街」と呼ばれることもある。町のグリーンバレー・モーテルは、ペンキの剝がれた青い羽目板、長期の間借り人たち、捨てられた家具で端までいっぱいの駐車場、廃棄された車がひときわ目につく。あるときひとりの男が、フェンタニル[*]の貼付剤を口からだらりと出しながら、外の手すりにもたれてだらしなくくつろいでいるのが見えた。

メタンフェタミンの使用は、過去二〇年で太平洋岸北西部じゅうの小さな市町村に多くの犠牲を出した。二〇一九年の報告書では、この地域が「メタンフェタミンに耽溺」とあり、その使用がオピオイドの危険と結びついているとされた。メタンフェタミンは眠気への確実な対策でもあるため、ヘロインその他の鎮痛剤の使用者に販売されている。ワシントン州の郡の職員がいうには、路上に見つかる注射針はヘロイン使用の明らかな形跡であると思われているが、実際にはメタンフェタミンで使われていることが最も多い。

二〇二〇年一一月、国立薬物乱用研究所はオピオイド（ヘロインやフェンタニルなど）と興奮剤（メタンフェタミンなど）の組み合わせを含む薬物過剰摂取の警戒すべき増大について報告した。同様に「国際薬物政策雑誌」に発表された研究も、オピオイドは品質が予測できないため、多くのオピオイド使用者にドラッグの選択をメタンフェタミンへ切り替えるようながしていた。毎年、数千人のアメリカ人がメタンフェタミン使用で死亡している。過剰摂取の人々の数は、一〇年で三倍に増えた。「俺にわかってることは、メタンフェタミンがどこにでもあるってことさ」とデリック・ヒューズはいう。「そこらじゅうにある。あんたがありそうもないって思うとこにもだ。いまが真っ盛りなんだよ」。

オリンピック国立公園と重なるワシントン州の郡部では、二〇〇四年から二〇一八年のあいだにメタンフェタミンによる死が四四二パーセントに増加していて驚くばかりだ。二〇一八年のワシントンでのメタンフェタミンによる死者五三一人のうち、七七パーセントは四八歳以上の白人だった。同州で木材紛争の時代に育ち、地元の社会が伐採産業から締め出されるのを見てきた多くの人々を含む人口統計だ。ハンボルト郡では、すべての薬物過剰摂取のうちメタンフェタミンが四分の一を占めている。時とともにその使用は、太平洋岸北西部のホームレスのあいだでも同様に増えてきている。

森林局調査員のアンヌ・ミンデンは二〇年のキャリアを通して、木材の違法伐採は薬物使用と分かちがたく結びついていることをはっきりと理解した。「こうした個人の多くが、残念なことに薬物依存症なのです」と彼女はいう。「私が取り組んできたヒマラヤスギやカエデの盗伐事件のうち、いってしまえば九〇パーセントに薬物依存症が見られました」。彼女のこの見立てはレッドウッド国立・州立公園のチーフレンジャー、スティーブン・トロイとも似通っている。トロイはオリックの貧困が「ここでの深刻なメタンフェタミン中毒」と一対をなし、違法伐採の一番の動機になっているという。ふたりの受け止め方に、私がインタビューした人々のうち一〇人以上は共感を示した。彼らは盗伐の責任を「覚醒剤」、「メタンフェタミン依存症者」、「麻薬常用者」にあるとする。

しかし、「すべての依存症的な行動の中心には傷がある」と、依存症研究者のガボール・マテ博士はいう。彼の研究は薬物中毒治療の最近の動向を強く輪郭づける。彼の断定を太平洋岸北西部にあてはめてみれば、強いドラッグの、常軌を逸した使用への鋭い分析が得られる。ドラッグは単に働きやすくなるからではなく、苦しみを和らげるのに効果的な鎮痛剤だから使用されているのだ。メタンフェタミン使用のもたらす影響は間違いなくある。しかしそれなくして感じる生活に比べて、薬物の効果が弱いとしたらどうだろうか。

マイク・ゴールズビーのカウンセリングでは、いま幼少期のトラウマに注目している。「ほとんどの人が、あらゆる種類の中毒患者を（しかしとくにメタンフェタミン中毒者を）見てこういうのがわかった。〝まったくどうかしてるぜ〟。しかしわれわれが（同じ中毒患者を）見たらこういうだろう。〝何があったんですか？〟と。明らかになったのは、ドラッグがもたらす救済への欲求だ」とゴールズビーは説く。

とはいえ他のどんな場所でもそうだが、ドラッグと結びついていることは、オリックのような小さな町では汚名を着せられやすい。薬物乱用は恥ずかしいこととして語られ、使用者は「お荷物」または「役立たず」と見られる。たとえばダニー・ガルシアと私が二〇二〇年初頭にやりとりを始めた頃、彼はメタンフェタミンは使っていないといった。しかし彼の法廷関連の書類には「規制薬物常用者」と明記され、彼の薬物使用は「重度」に分類されていた。

デリック・ヒューズは、メタンフェタミンの使用者を薬物入手のための盗伐者とするのはアンフェアだと見ている。「払うものは払える。俺たちはどこにも生きる場所がないというだけで、あとは他の誰とも変わっちゃいないんだ。仕事がないうえに、木の盗伐を防ぐために誰も俺たちを雇いたがらない」。盗伐者たちが薬物をやっていると人々が思っているのは、「俺たちが夜通し働いてるからだ」とヒューズはいう。「いや、夜も日もなく働いてるからさ」。

この件でヒューズは、ドラッグ使用について私にいろいろ話してくれる数少ない重要人物のひとりだった。私たちのやり取りの初めのうちから、彼はいかに集中力の助けになろうとも、メタンフェタミンはやめたいと口にしていた。「それは良くないもので、俺はあいにくその習慣がついてるんだ」と彼はしぶしぶ認める。「でもそれがないといられないのは、リタリンをもうやりたくないからなんだ」。私たちの話し合いはしばしば哲学的になった。「薬物をやる人間とやらない人間のあいだには溝がある。その溝とは、ある人々は他人より自分たちの方が善良だと思ってることだ。だけど俺にもモラルはある。良心の咎めもある。俺のことを知れば、いい奴なんだとわかるはずさ」。

いままでは「レッドウッド盗賊」と呼ばれているクリス・ガフィーは、人がメタンフェタミンのために木を盗むという言い方を激しく嫌う。「医者へいけば誰でも薬物中毒になりかねない」と彼は指摘する。「でもひとつ聞かせてくれ」とガフィーはあとに付け加える。「外へいって働けばペイをもらうよな？　それを生活の足しにするだろ？　ふつうの人間は金を得れば必要性を満たしますよ。満たされようと満たされまいと、そのあとにすること。それがそいつの商売さ」。

違法伐採と薬物禍

アメリカの放送局A＆Eの人気ドキュメンタリー番組「インターベンション」のある回に、バール違法伐採とメタンフェタミン使用の最も顕著な関わりのひとつを見ることができる。あるエピソードのなかで、ハンボルト郡南部の町ファーンデイルの近郊に住む人物、コリー・タウンを追っている。そのエピソードで彼は、メタンフェタミン中毒にたまたまおちいってしまった繊細で献身的な夫・父親として描かれている。タウンの幼少期は、両親が結婚生活につまずいてから難局を迎え、どうにもならないところまで困窮した。しかも母親の薬物中毒は彼にも深く影響した。タウンは伐採業者として一〇年以上働いた。「落ち着いた仕事だった」と彼はカメラに向かって話す。「俺のチェーンソーがけたたましく鳴って、木がキュルキュルと唸る以外はね」。

失業していたが、バールの違法伐採によって彼が貧困から抜け出すための十分なお金を得るに違いない――。視聴者はタウンがガレージでメタンフェタミンを吸う場面と、昼日中からバールの違法伐採に出かけていく場面を見ることになる。「なあ、おまえにいっとくぜ。ここはバールの国なんだよ」。彼は小型トラックを森へ走らせる相棒に気休めをいう。

カメラはタウンが森へ入るのについていく（番組では正確な場所は伏せられている）。そして彼らがレッドウッドの切り株にできた上等なバールを見つけ、相棒に大声で知らせると、カメラは数歩後ずさりした。ここで視聴者は目撃する。タウンはレッドウッドを自分のチェーンソーで計測し、幹の半分のところまでバールを切り出し、その後その禁断の木材を斜面に切り落としてからトラックの荷台に積んでいた。

タウンは私たちに、バールというのは樹木にできた瘤なんだと（間違った）説明をする。しかしそれが取引され、大金が儲かることもあるのだと。そのあいだ、彼はメタンフェタミンで無敵の感覚になる。

「指一本で山でも動かせそうだ」と彼はいう。森をいくタウンのあとをカメラは九時間追いかける。「おい、見ろよ」と彼はあるポイントを指して叫ぶ。「いままでで一番デカいのを見つけたぞ。夢でも見てるのかな？　もう二度と働かないぜ。素晴らしいバールだ。二万、二万五〇〇〇、いや三万ドル（約三九六万円）になる！」。

「私たちは彼をバールから引き剝がせないんです」とタウンの妻はカメラのまえで語る。「メタンフェタミンが、いま彼の抱いてるとんでもない執着を手助けしてるの」。彼女の見方にタウンも応じる。「俺はメタンフェタミンだけじゃなくて、バールに、木目の渦巻きに、渦巻き状のすべてに病みつきなんだ」。彼はバールを中毒の兆候であると同時に、自分を救済するチャンスとも見ている。しかしタウンは、それから三カ月間はバールをまったく売らない。

ある日、トラックの荷台に木材の山をずっしりと積み、タウンはユーレカの郊外で私も度々通り過ぎたことのある店「バール・カントリー」に搬送する。店の大きな広告がハイウェイから客を招き寄せている。盗伐木材を査定したあとで、店のオーナーはタウンに五〇〇ドル（約六万六〇〇〇円）という少額を提示する。タウンは安く買い叩かれそうになり、クレームをつけている。微妙な表情でそれがわかる。結局タウンは車で戻り、バールは家にもち帰る。

この番組への批評のなかで、ニューヨークタイムズはコリー・タウンを「錯乱したアメリカの辺境住民」と表現した。しかしオンラインレビューには、もっと濃やかな批評が掲載されている。「私は太平洋岸北西部の貧困な伐採業の町出身で、伐採業者と製材業者に囲まれて育ちましたが、彼らは他の人たちがコーヒーを飲むようにヘロインを鼻から吸引していました」と、ある番組ファンはレビュー

(intervention-directory.com)に書いている。「コリーという人物、彼のライフスタイル、そして薬物の使い方はある意味、私にとっても類は友で、観ていて心地のいいものではなかったです」。

タウンは太平洋岸北西部に暮らす人や育った人にはなじみのある人物像のようだ。私が話しかけたひとりの元メタンフェタミン使用者は、ある夜、薬物ディーラーの住むワシントンのアパートに座っていると、伐採したてのカエデの厚板を抱えた男が部屋にはいってきたのを覚えているといった。男はそれでギターを作る腹づもりだった。

大麻栽培にうってつけのレッドウッドの森

ハンボルト郡では特に、ドラッグと薬物取引が広い意味での文化における特有の地位を保っている。それは郡を救うとともに衰えさせている。カリフォルニア州北部の「エメラルド三角地帯」の一部として、ハンボルト郡の経済はここ一〇年、闇市場と(現在の)合法市場の両方によるマリファナ販売で潤ってきた。この郡に至る道路には、マリファナ企業を宣伝する広告が並んでいて、かつての観光の呼び物は調剤局に入れ替わった。成長する大麻産業に経済が牽引されすぎているため、地方ラジオのコマーシャルでは収穫時の大麻採集に使う樽を宣伝しているほどだ。「いま、コストコで販売中!」(そしてラジオ局への寄付の呼びかけは、「黄金のマリファナを換金した日に、お金使うんならここでしょう!」)。

地元の教訓が戒めるところによると、ハンボルト郡の住人に職業を尋ねてはいけない。ジャーナリストのリサ・モアハウスは「カリフォルニア・レポート」に「それは類を見ないエチケットだ」と書いた。収穫のときに指がマリファナのヤニでベトつくことを避けるためには、「収穫中には手首をひねらず、広げた腕と掌をうえにした手で押し戴こう」と彼女は説いている。

マリファナという巨大産業は、裏庭栽培者の多くが数十年前からわきまえてきたことをいま学んだところだ。すなわち、壮大なレッドウッドを育てる環境は、大気の湿度、地面の湿気、日陰であって、これが大麻を育てるうえでうってつけだということを。ハンボルト郡の公共の土地における大規模な違法伐採のいくつかは、マリファナのためにおこっている。研究者やパークレンジャーは、カリフォルニア州北部全体では数千カ所の違法に伐採された土地が、大規模なマリファナ栽培地へと転用されたのをこれまでに確認している。彼らはその損害をゾウの密猟による破壊行為にも等しいという。

しかし過熱する大麻経済も、オリックのような小さな町では経済の救済とならない。大麻は実際には、経済におけるまたべつの転換をしようともがいているこの町を置き去りにしてきた。闇取引から合法流通への転換は、マリファナづくりを白昼作業へと移行させるほど簡単にはいかない。たとえばネットフリックスのシリーズ「マーダー・マウンテン――ハンボルト郡へようこそ」では、ガーバーヴィルの近くにあり、「大地へ帰れ運動」のコミュニティからも離れていない地区での大面積で違法な「*グロー・オプス」を運営するアウトロー集団が紹介されている。ユーレカやアーケータにおける街灯の柱や地域伝言板に、行方不明の人々のポスターが貼られているのも見られる（カリフォルニア州北部は、行方不明になった先住民女性の事案数では州の水準を超えている）。もしあなたが法を犯してしまい、逃亡したいと思ったなら、ハンボルト郡ほどうってつけの場所はそうそうない。暴力性が増し、崩壊した楽園へと変容したハンボルト郡は地下組織、うしろ指を指される人々、環境面で心労を抱えてきた人、そして放浪者を引き寄せている。「愛と平和は七〇年代とともに去ったんだ」と「マーダー・マウンテン」

でひとりの住人はいう。「いまは一にも二にもドルさ。ここはまるで西部開拓時代だ」。
同時に、ハンボルトで暮らすことはどんどん高くつくようになってきている。この郡の長期居住者の多くは、物価高の煽りで地域共同体から締め出されてきた。オリックのような町では住宅のストックが底をつき、コストは居住者がまかなえる分をはるかに上回っている。町の商工会議所では、物価高騰市場が求める金額を誰も払えないうちに家々が崩落するだろうと懸念している。こうしてオリックの町は、みずから悪循環にはまり込んでいることに気づく。ドラッグの悪評と見映えのしない住宅が、投資への二の足を踏ませるのである。そこを終（つい）の棲み処としたり、観光客の滞在したがる場所にしたいと望むような人たちに。

ジェニファー・シャーマンは、黄金の州（ゴールデン・ステート）カリフォルニアの衰退する木材取引きに関する先駆的な考察を、政治にからめて次のように結ぶ。多くの被面接者たちの見方からすれば、「現在の貧困の原因を作ったと非難されている環境保護派のように都市に住む、リベラル派の利益を政府は優先している。ほとんどの住人は、どの立場の人々も物質的な幸福や経済の持続にはあまり興味がないと感じている」と。しかしシャーマンは特筆する。右派がモラルや個人の問題を重視していることは、功を奏している。「猟銃が子どもたちへの責任を果たし、独自の文化を再生し、家族を養うことができる場合、猟銃規制そのものが深刻な脅威に感じられるのだ」。

同じことが木こりの斧についてもいえるということだ。

第12章 アウトローを捕まえる

「あの木には見張り番がいた」
——ダニー・ガルシア

ヨセミテ国立公園から来た男

二〇一三年五月二五日。テリー・クックからのボイスメールで怒りのメッセージを受け取ってからわずか一日後、ロジー・ホワイトはダニー・ガルシアからの留守電メッセージ〔原注1〕に取り合っていた。会って話したいことがあるとダニーはいい、ロジーのオフィスへ出向くことを承諾した。その日の昼食後、彼は腰を据えて一時間にわたりホワイトと話した。

公園局の記録によれば、ロジーと向き合うとガルシアは、ツリー・オブ・ミステリーから押収された八枚のバール厚板に見覚えがあるのを認めた。彼はレッドウッド・クリーク・トレイルから約一マイルのところにある砂地に通じるゲートウェイでその木を最初に見たとつけ加えた。彼はその木の特徴的な鳥眼杢（ちょうがんもく）の渦巻きを思い出しながら絵に描き、ホワイトののちの報告書によれば、自分がその厚板を切ったのだといった。ホワイトはその後、公園局によって押収木材が保管されているサウス・オペレーション・センター（SOC）の倉庫へホワイトがガルシアを連れていった。ガルシアは砂地で見た木材がそこにあることを確認した。しかしガルシアが単にその木をよく知っているというだけでは、彼を逮捕するまっとうな理由にはならなかった。レンジャーたちは密売買を立件するような有形の証拠や、密採の証拠を必要とした。

二日後、レッドウッド・クリークからの押収物に、さらに多くの木が加わった。パークレンジャーたちが「バール・ビルズ」というオリックの一軒の店から押収してあったものだ。その木は店のポーチに積まれていたため、パークレンジャーたちはその木の木目をツリー・オブ・ミステリーで撮った写真と照合することができた。店のオーナーがいうには、そのバールは深夜に出現したもので、関係書類もないとのことだった。「あたりに聞いてまわったが」と彼はいった。「噂ではダニー・ガルシアが置いていったものだった」。

それでもまだレンジャーたちには、有罪を裏づけるに足りるものがない。そこで彼らは、アウトローズの複数のメンバーに盗伐の責任を問えるかも知れないと期待しながら、新しい盗伐現場の調査を続けた。

レンジャーたちは、盗伐者たちがレンジャーの無線のやり取りを傍受しており、それによって動きを追跡したり、あたりにレンジャーがいるときの公園を避けたりできるのではないかと疑い始めていた。

公園局の職員たちは、作業中の盗伐者たちを遠隔撮影できなかったことに苛立っているようだった。木に隠したカメラに収まった映像は、強烈なヘッドランプによってブレやすく、カメラ自体も隠した場所からお約束のように盗まれていた。そこで公園局のチームは、より進んだ捜査方法を採ることにした。チームはフロリダ国際大学とカリフォルニア州立大学の研究者との共同で、森を上から入念に調べることのできる技術としてＬｉＤＡＲ（ライダー）（光検出と測距）を導入した。レンジャーはＬｉＤＡＲを使うと、公園で最も盗伐されやすい木の所在をピンポイントで知ることができる。そしてチームはその付近に、カメラその他のモニタリング機器を戦略的に配置した。

　レンジャーたちはべつの新たな方法も用いた。林床に隠した磁気式センサープレートである。これはチェーンソーのような分厚い金属を検知するとすぐに反応する。一基に一万ドルずつかかるこのプレートを二基揃え、これまでの盗伐現場のうち盗伐者がまた来ると思われるところに埋めておいた。センサープレートが作動したときにはいつでもＳＯＣに内々に警報が送られるようになっていた。しかし設置以来、どちらのセンサーも反応しないままだ。

　五月下旬、レンジャーのロジー・ホワイトとローラ・デニーは国立公園局の特別調査官、スティーブ・ユーに支援加入を要請した。ユーはヨセミテ国立公園が拠点だったが、この事案に取り組むために北へ移動し、レッドウッドでその夏を過ごしていた。「木材違法伐採は思いのほか巧妙になっていたので、一足飛びにはとりかかれなかった」と彼はいう。チームに加わったとき、オリックがいままでのような通過点地域（ゲートウェイ・コミュニティ）ではないことに彼は気づいた。「私の経験だと、ほとんどの通過点地域は観光客をもてなしている」。ところがオリックは違った。「まあ、うらぶれたちっぽけな場所だ。メタンフェタミンが

オリックのバールショップの収納庫に保管されていたレッドウッドのバール切片。木目が美しい
(バラージュ・ガルディ撮影)

町のいたるところにある」。

ユーとレンジャーたちはホワイトボードのたくさんある会議室に詰め、町の社会的な動きをマッピングし始めた。「われわれはいろいろなつながりを線でつなぎ、つながっている事柄や失われた情報のありかを考えた」と彼はいう。「初めは消防ホースから水を飲むみたいな作業だった。しかし庞大な情報も一度ボードに書き出すと、何にフォーカスしたらいいかがわかるんだ」。

クリス・ガフィーがアウトローズの中心にいることが、ユーにははっきりわかった。しかし公園局の最終目的は、実際に盗伐者を確定することであり、ガルシアについては強力な証拠を握っていた。「われわれはガフィーを泳がせた」とユーはいう。「私の記憶では、ガフィーはじつに狡猾だ。それが奴なんだよ。奴は動きを止めないだろう」。代わりに彼らはガルシアの犯罪を立証するためのあらゆる証拠に集中することにした。

オリックの町での聴き込み調査

ユーはレンジャーたちの調査に付き添い、町での聴き込みを始めた。「レンジャーたちとクリス・ガフィーは、まさにネコとネズミの駆けっこだった。それがずっと続いてる」と彼はいう。六月末近く、オリックのバールショップとその裏庭のレッドウッド材は森の奥深くではなく、レッドウッド国立公園の境界沿いのレッドウッド・クリークの流れの延長から取ってきたものだとチームは疑い始めた。ある日、ホワイト、デニー、そしてユーはクリークを訪れると、水のなかにレッドウッドの木が二本、金属ケーブルで結ばれて岸からつないであるのを見つけた。木はすでに切り取られている部分があった。ガスボンベ、おが屑、幹から切り落とした切れ端が河岸のまわりに散らばっていた。

レンジャーたちは、町じゅうで販売された大量の違法採集バールを調査することに二〇一三年のひと夏を費やした。一例として、バールのスライスがラリー・モローの滞在するグリーンバレー・モーテルの裏手に隠されているのが見つかった。またべつのスライスはある倉庫で見つかり、そこのオーナーは隠されたバールのことを誰かが話すのを小耳にはさんだと調査員たちにいった。

その頃、二〇一二年のカフェでの騒動に関する要件として、ガルシアは保護監察官との定期会合に出ていた。春から夏にかけて、彼はじつに「たえまなく」パークレンジャーたちの訪問を受けたため、嫌がらせっぽく感じ始めていたとガルシアはいう。「捜査しては会いに来る、また捜査しては会いに来るで、数日に一度は来ていた気がする」。ガルシアのアパートで木はまったく見つからなかったが、トラックのなかではガルシアがヒドゥンビーチで許可なく採集した何本かの流木を実際に押収した。

公園局によるガルシアの事案への調査は二〇一三年に成果をあげて終わったが、ガルシアの逮捕令状を確実にするにはまだ数カ月かかる。レンジャーたちの扱う事案がユーレカ法廷で審議されるためには、二〇一四年春まで待たなければならなかった。そこで彼らはガルシアのアパートに押し掛けるかわりに、あっさりと四月の保護監察会合に出ていき、ガルシアを大規模な窃盗の罪で訴追した。五月、ガルシアは窃盗、公共物破壊、盗品授受で有罪となった。彼はレッドウッドの違法伐採とそれをバールショップに販売したことで一万一一七八ドル五七セント（約一一一万円）の罰金を科せられた。この件で司法取引を受け入れていたラリー・モローは、三年の執行猶予だけを言い渡された。

準備段階として、レンジャーのローラ・デニーはアーケータの林業専門家にバールの盗伐現場へ赴いてもらう手はずを整えた。専門家とはマーク・アンドレで、彼は地元コンサルティング会社の林業家であり、木材の査定や価格決定の専門家でもある。木材の容積だけでなく、彼は樹高、直径、そして品質を測定する。アンドレは直径約三メートルのレッドウッドの周囲がチェーンソーで切られ、心材がむき出しになっていたと記している。木は立ってはいたが、病気や腐敗のリスクがあり、現に低い方の部分はもう腐っていた。SOCの証拠品ロッカーに保管されていたバール片を測定したあとで、アンドレは損害を受けた木の総価値を約三万五〇〇〇ドル（約四六二万円）と算定した。

ガルシアの判決がくだるとき、裁判官はいった。「ガルシア氏の犯罪行為は薬物中毒の問題と関わりがある。あなたの経歴を見ると、ドラッグがあなたの問題の根源にあることがわかります」。そのうえで裁判官は、この犯罪の深刻な性質を強調した。「美しいレッドウッドに囲まれた北岸地域に暮らしているため、私たちはことさらその美をありのまま讃えたりはしません。しかしガルシアさん、私はあなたが木を傷つけたとき、楽観的にすぎたと思います。実際のところは州民や、国家や、世界のために保全されているその樹々に対して――」。

裁判官はまた、犯罪そのものの特異な性質についても述べた。「わが州の法律には、この事件にぴったりあてはまる規定がありません。ガルシアさん、私はあなたの判決が町に教訓を示すことになろうと思います。他の人たちがあなたと同じ行為に走らないように」。

「ガルシアさんに最後にいいたいのは、あなたが薬物常用と見られることが原因で加害行為をおこなったということです。あなたはその事実を曲げることはできません。しかし違う場所で生活すれば、意義のある変化への後押しになると考えます。あなたにそれが起こることを願っています」。

ガルシア側はこの説明を否定している。「俺がバールを伐ったのは、金が必要だったからさ」と、彼はいまユーレカの自宅で振り返る。「俺は何年も薬物をやってた。だからって、（メタンフェタミンに）ラリってあのバールを切ったわけじゃないんだ」。

罰金の減額を申し立てるとき、ガルシアはこの事件のメディア報道で彼の再雇用が難しくなったことを詳らかにした。「奴らは俺をクズに仕立てた。俺にはそれが厄介だった。あそこにはたくさん（バールが）あるんだ。しかも俺は木を枯らしたわけでもなんでもない」と彼は言い張る。「あの木は死にはしない。木に与えた損害については、考えるといまでもわからない。心の奥ではいつも気になってる。俺がしたことを正しいとは思わないが、やっぱり俺が奴らのいうほど木を傷つけてることにはならないよ」。

テリー・クックが自宅の裏庭に立っていうのは、ガルシアがあまりにも派手にレッドウッドを伐った時点で、問題が大きくなりすぎたということだ。「俺はいったんだよ。『ガキめ、二度とやるな。今度はおまえの鼻っ面をへし折って、奴らに引き渡すぞ』と」とクックはいう。相方のチェリッシュ・ガフィー（クリスの元妻）も頷いていう。「私たちはあの件で彼にイカりまくってた。みんなそうよ。だって馬鹿すぎでしょ？」。

ガルシアは二〇一四年五月中旬に服役刑となったが、司法取引を受け入れて釈放された。彼は罰金の全額を分割で支払うことと、レッドウッド国立公園には今後立ち入らないよう命じられた。二〇一五年一〇月二二日、公園局はウッドチッパーを使い、ガルシアの密採したレッドウッドのバールを破壊した。

第13章　ブロックス居住区

「おまえの友だちを見せてみろ。おまえの将来がわかるから」
――デリック・ヒューズ

深夜の盗伐指南

ターニング職人のデリック・ヒューズは、三〇代後半になっても実家に暮らし続けていた。昇るべきキャリアの梯子も見当たらず、終身雇用の安定職に就くこともままならないと感じていた。母親のリン・ネッツによれば、ヒューズの実家暮らしは厳しいものになりそうだった。というのも義理の父ラリー・ネッツは、ヒューズが成長するにつれて精神衛生面の問題を募らせる一方だったし、ヒューズはほかの都市や町へ引っ越そうにも一カ月目の家賃や敷金が払えないほど貯えがなかった。

ネッツの住まいは薪ストーブで暖房をしていて、ヒューズはときどきストーブにくべるナラや*マドロナを伐りに友人宅の近くの土地まで赴いていた。高い温度でゆっくりと燃えるので、リン・ネッツはこうした樹種をほかの木よりも好んで燃やす。寝る前にその薪をストーブにくべると、明け方まで熾火(おきび)が残っている。しかしその家の裏手からたった二マイルのヒドゥンビーチの方が、友人宅付近の土地よりも近い。こちらで手に入るのは古く乾燥したレッドウッドで、友人宅近くの薪に比べて早く燃えてしまうのだが。

　ヒューズの実家はハイウェイ一〇一に沿ったオフィスビルの裏手の日立たぬ場所で、そこは人々に「ブロックス」と呼ばれている地域共同体である。リンはこの界隈を「予定地(ザ・プロジェクツ)」と呼ぶ。ブロックスの住宅の多くは、行き当たりばったりに建てられているらしい。修繕されている家もあれば、細かく刻んだ木片の山や、停めたままの車や、古い機械を蔽う防水シートが裏庭いっぱいに積まれている家もある。

　ヒューズは二〇一〇年頃、ダニー・ガルシアとともにヒドゥンビーチで〔原注1〕盗伐を始めた。ふたりはクック・コンパウンドのあたりにたむろしていた知り合いのネットワークを通じて知り合っていた。ガルシアはヒューズよりも一〇歳ほど年上だが、彼らはじきに大人の仲間同士になった。「そうとも。ふたりの大人が金儲けにありついたんだ」とヒューズは認める。「それが俺たちのしたことだよ」。

　ガルシアはヒューズに深夜の盗伐について教え始め、次いでヒューズひとりでも出ていくようになった。普段着で出かけ、車をできるだけビーチの近くに停めると、彼は流木を手で引きずり上げてはトラックの荷台に積んだ。天候に関わりなく現場へ向かった。フラッシュライトとチェーンソーで、砂地に点在する木材に切り込みを入れ、大きな塊を切り出していった。背後に積んだ木がベンチのように見えるときもあり、背をもたせかけると海を見渡せるシートになった。

初めのうち、盗伐したバールはネッツ家の薪ストーブ用や、ヒューズ家のウッドターニング練習用に用いた。「木椀が作れる木の切片を手に入れるのはじつにたやすいことだ」とヒューズはいう。「いい木を手に入れれば食い扶持になるとわかったよ」。だが彼は結局、地元の店や職人たちに売れるもっと大きな盗品に目を向け変えた。もっと旨味が多く、手っ取り早い儲けのためである。木材はアートにもなれば、屋根板にもなる。「何ひとつ傷つけてやしない」とヒューズは木を採ることについていう。「ビーチを恵んでくれりゃ、森へいかなくても済むんだが」〔原注2〕。「『ああ、俺は罪を犯しにいくのか——』なんていいながら木を採りに出かける奴はいない」。彼はそう付け足す。「ここにいたすべての年配連中にとっては、『長年やってきたことをやりにいくまでさ。捕まったらキツイが、それがここでの俺の仕事だし』」。

ちょうどその頃、リンは国立公園で働き始めていた。最初はゴールド・ブラフズ・ビーチやプレイリー・クリークの近くにあるキャンプ場の売店で仕事を得たが、その後は近くの野外教育キャンプでまかない仕事をした。リンは町じゅうで、親しみやすい動物好きとして知られていた。彼女はよく地元のカフェに立ち寄り、足元にペットのアヒルをつないでおいて、店長を話し相手にエスプレッソを啜るのだった。公園のユニフォームを着て誇らしげに立っている自分の写真をフェイスブックにアップした。しかしリン・ネッツと公園の管理側とのあいだに不愉快なことがもちあがる。ある夏、彼女はキオスクの仕事に戻って欲しいといわれた。彼女がつけた帳簿にはあまりにも多くのミスが見られるからだと知らされた。疎外された気がして、彼女はいささか気が滅入るようになった。

不和は世代を超えて受け継がれた。ガルシア、ガフィー、クックの前例と同様、デリック・ヒューズもレッドウッドのレンジャーたちとオリックの内外で緊迫した関係を募らせた。「レンジャーにハンボルトの出身者はひとりもいない」と彼はいう。「地元民は地元民の扱い方を知ってる。地元民が地元民の車に停まれと命じるんなら、誰を相手にしてるかわかってる。それで緊張はほぐれるもんなんだ」。

「俺は彼らが俺をどう扱うかを真似たのさ」とヒューズはいう。「そして彼らはそれを嫌がった」。ヒューズはRNSPのチーフレンジャーであるスティーブン・トロイや他のレンジャーたちが通報者を求めてブロックス周辺をわが物顔に歩くのを見た。ブランデン・ペローというひとりのレンジャーは、ヒューズにいわせると「トロイの手下」のようだった。木材を抽出点検中の彼ら二人のレンジャーの近くに車を停め、ヒューズはペローの方を向いていった。「あんた本気でトロイの後釜になろうとしてるのか？」〔原注3〕。

どしゃ降りのけもの道に足跡を追う

レンジャーのブランデン・ペローがふと気づいて、道路からメイクリーク近くのわき道へと注意を向け変えたのは、あるものの不在がきっかけだった。何かがなくなっているのがわかり、ひりつく感じがあった。彼の巡回には通常、何かの行動の痕跡をハイウェイの路肩に捜すことが含まれている。ペローはハイウェイ一〇一とメイクリークを隔てているスチール製の農場ゲートの左側に、ふだんは岩が積まれていたのを覚えていた。しかし二〇一八年一月二四日、レッドウッド国立公園を通常パトロール中に、彼は積まれていた岩が散らばっているのに気づいた。排水溝のなかへバラバラと崩れ落ちている岩もあれば、ゲート自体のまわりに散らばっている岩もあった。

道路を四〇〇メートルほどいくと、ペローはまわりを見回してUターンした。国立公園局の作業トラックを停めて降りる。ゲートの左側に向かって、岩が積まれていた地面にはタイヤの跡がついていた。ゲートと茂みがどこかしっくり来ない印象もあり、ペローは道沿いの小さな伐採地を導かれるように中

レッドウッド国立・州立公園のレンジャー、ブランデン・ペロー。オリック付近の海岸で
（バラージュ・ガルディ撮影）

央まで歩いた。タイヤの跡が途切れたところに、彼は半円状のおが屑と木材の破片を見つけた。

ペローは野外にいるときに着る防弾チョッキに装着してあるレシーバーの送信ボタンを押した。首をやや右に傾けレシーバーに話しかけると、約八キロ南のサウス・オペレーション・センター（SOC）にいるレンジャーのセス・ゲイナーが無線連絡してきた。「伐採現場に似たものがここに」とペローは報告した。ゲイナーがいまから応援に向かうとはっきり応答したとき、雨が降りだした。

メイクリークは、カリフォルニア州北部のレッドウッドの生態系を縫って流れる水系の一部である。岸は藪が生えていて幅広いため、まっすぐに抜けていくのは大変で、たどり着くのも探し当てるのも容易ではない。ペローは地面に目を凝らし、下生えの藪についた足跡やタイヤ痕と思しきものを追跡した。あるところへ来ると、人間の足以外の何かによって藪が地面に押し付けられたり踏みしだかれたりしていて、不規則なかたちをしていた。

左へ曲がると、ペローはけもの道に気づいた。それはパークレンジャーが設営管理している正式なトレイルではなく、そこを歩こうとする人間の単純な衝動によって踏みつけられた道で、ハイカーがひとりなら十分に通れる幅があった。けもの道は、とりわけ雨林では跡が消えて見失いやすいが、いたるところにある。ペローなら上り坂でもけもの道を見つけることができるだろう。

ところが不意に、雨がどしゃ降りになった。ペローはコートをもってきていなかった。そこで彼はトラックへ走り、SOCまで運転して引き返した。ぬれた服をそこで着替え、もっていく物をいくつか手に取った。そうして例の場所へトラックで戻ると、すでにゲイナーがけもの道に入って調べているのがわかった。雨はやんだが、あたりはまだ霧がかかっていた。

今度はカメラを手にしていたので、ペローはタイヤ痕を写真に撮り始めた。レンジャー研修のときに、彼は森のなかのタイヤ痕を新しいうちに特定したり査定したりすることを学んでいた。しかし森では痕跡の大きさが増す（ペローはここオリックから近いカリフォルニア州レディングの出身だった）ので、足跡を深さで調べることを学んでいた。数年このかた、彼は裏道で友人たちと会うために足を延ばすたび、車のタイヤ痕の同定法を学んでいた。メイクリークでは、タイヤ痕がトーヨータイヤのものに似ていることに気づいた。ペローは同社の商標を自分の古いトラックに貼りつけてあったのだ。

ペローはけもの道でゲイナーと落ち合った。張り出す小枝と丈の高い茂みのある七〇メートルほどの道を曲がりながら歩き、盛り上がった土地の頂点に達すると、彼は左を向いて基部がえぐり取られたレッドウッドの幹に印をつけた。高さ約一メートル以上の切り口を通して、幹の内側が見えた。外側の樹皮とは対照的に、青白い木部だった。張り出したコケや葉の下に吹き積もっているおが屑は、まだ乾いていて新しかった。

伐採跡のあたりには衣類や機器が散らばっていた。ペローとゲイナーは、チェーンソーが用いられたことが木の導管からわかった。切り株の近くにはファイスカース製の斧も落ちていた。盗伐中に暑くなって脱ぎ捨てたと思われる黒い作業用手袋も落ちていた。

レンジャーの二人組は、その切り方の策略に気づいた。けもの道から見て反対側の幹へ、めった斬りに切り込みが入れられていたのだ。幹の背面側の藪には人がほとんど入れないので、切り込みは見つけにくくなっていた。木の木目はダニー・ガルシアが五年前に賞賛したのと同じ鳥眼杢だった。濃い琥珀色をしていて、かき乱した水のように流れる波状模様だった。「テーブルにでも何にでもなる立派な材木だ」とペローは見定める。鳥眼杢の木は磨くと光沢のあるレッドブラウン色に変わるため、ふつうの硬材*の数倍の価値がある。

ペローはメモを取り始めた。

一　切り株は直径約九メートル。

二　幹は無傷ではなかった（この地域の国立公園内に囲われる以前、レッドウッドは広範に伐採されていた。そして残った切り株がじつに巨大なのは何とも驚異的。けもの道から撮った写真のフレームにはすっかり収まりきらないほど）。

三　レッドウッドはまだ生きている。新たな若木が基部から発芽している（多くの理由、とくに種子からも切り株からも育つことができる針葉樹という点で、レッドウッドは独特。原生林の祖先がかつて生えていた地点のまわりに、大きな「妖精の輪*」を次々と発生させる性質がある。基部から生産された木の瘤であるバールの内部に宿っていた生命によって、新生が可能となる）。

四　違法伐採者たちはバールが目的だった。幹自体ではない。

五　現場に残された道具でわかるように、盗伐者たちは残っている木を目当てにいつでも戻って来るはず。

下りの斜面に向きを変えると、ペローとゲイナーはあたりに倒された幹が細かく切り刻まれているのを見つけた。長さ一・八メートルの切り込みが、まだ生々しい状態で下側についていた。ウッドスラブは取り去られていた。

任務中、襲撃リスクと背中合わせのパークレンジャー

ブランデン・ペローはネバダ州グレートベースン国立公園とフロリダ州エバーグレーズ沼沢地での勤務のあと、二〇一六年の冬にレッドウッド国立公園に赴任した。父親は国立公園局の維持管理の仕事をし、ペローはすでに述べたカリフォルニア北部の林業都市レディングで育った。周囲は北と東西を国有林が取り囲んでいた。

ときどきペローの父は仕事に彼を連れていき、彼を一日中トレイルで遊ばせていた。ペローは釣りをしたり、野生動物の足跡を調べたりと、楽しめるところならどこでも足を止めた。成長するにつれ、ペローは野外で働きたいという思いに気づく。また毎日新たな課題に取り組むことへの彼の好みには、法に携わる仕事が合っていると悟った。しかし彼は「休日に働くのは嫌だった」という。だから当初は公園局勤務を避けた。ペローは国立公園局の訓練プログラムに入ったとき、「キャリアパスP」（Pはプロテクションの略）を選んだ。それは彼が武器を装備し、法律を執行することを意味する。来園者をガイドするのとは真逆の仕事だった。

パークレンジャーの業務は、とくにカリフォルニア州北部のような遠隔地の場合、手つかずの自然を慈善事業で守る人のように誤解されることが多い。しかし上下カーキ色のユニフォームと、茶色で幅広の縁(つば)のあるフェルトの制帽を見ると、来園者たちは「跡を濁さぬように」と心することになる。レンジャーたちの装備も理由のないことではない。パークレンジャーというのは国境警備隊よりも、さらには

ＦＢＩ捜査官よりも、任務中に激しく襲撃される見込みが高いのだ。

木材の違法伐採者を追跡するときには、複雑な計算が働く。森のなかで狙撃されたオリンピック国立公園のレンジャーのように、勤務中に殺害されたレンジャーもいる。ある調査で研究者たちは知ったのだが、国有林の職員たちは身の安全を気にするあまり、森にまったく入ろうとせず、威勢よく車のエンジンをふかしたり、わかりきった巡回ルートを回ったりする。そうすることで盗伐者たちに自分たちの存在を警告していた。

ペローの上司のスティーブン・トロイは、バージニア州のシェナンドア国立公園とフィラデルフィア州のインディペンデンス・ホールを経て、レッドウッド国立公園に赴任した。トロイはちょうどダニー・ガルシアの取り調べが終わりに近づいていた頃、ＲＮＳＰの活動的なチーフレンジャーとして任務に就いた（ガルシアはトロイの勤務初日に刑の宣告を受けた）。ＳＯＣでのトロイの机のうしろの壁には、滑稽に描かれた犯罪者に手錠を掛けている警察官のイラストが額縁入りで飾られている。

結局ペローはレッドウッドの森へ戻ってきたことになる。彼は妻や生まれた息子とともに、オリックから二八マイル南の町マッキンリーヴィルに住んだ。私と対面したとき、彼は幼い息子といっしょに狩猟のビデオを楽しんでいて、ふたりでシカの鳴き声を練習していた。レッドウッドの森で働くことはそれまでの長い間、ペローの仕事目標のひとつだった。赴任後、彼は盗伐者たちと対峙することになると知った。そして「法執行需要の高い」公園での勤務を熱望した。レッドウッドの森のレンジャーたちは他の国立公園のレンジャーたちよりも多くの逮捕をおこない、日頃から大量のドラッグを押収し、武器盗難を阻止し、無許可での銃の携行を見つけ出していた。

レッドウッドの森を三年にわたって巡回すると、ペローはこの公園独特の地理的厄介さを知った。幹線のハイウェイが中心までまっすぐに伸びてきている。一〇〇万平方キロ前後の林地は、レンジャーたちが一回のシフトではカバーしきれない。そしてオリックや付近の地域の不安定な社会経済状況。彼の任務はひとつの対策にあり、それは防備を必要とするだけの価値があった。国立公園の境界にオリックが近いということは、レンジャーたちが時おり街路や民間の住宅や企業で調査や捜査をしなければならないということだ。そのとき彼らはレンジャーの仕事だけでなく、刑事任務を引き受けているようにも見える。勤務後にガソリンスタンドや郵便局へいくときも制服を着ている。オリックの住民が、公園の敷地外で自分たちはレンジャーの監視や捜査の的になっている気がすると不満をかこつのもめずらしくない。パークレンジャーと警察官を隔てる一線はあいまいなことが多いのだ。レンジャーがスモーキー・ベアの帽子をかぶった親しみやすい原生自然ガイドであるとは限らないが、かといってすべてのレンジャーが銃を携帯しているわけでもない。オリックの住民たちはちょうどその中間で統治されていた。

レンジャーたちとの押し問答をSNSにアップしたヒューズの疑念

二〇一七年にリン・ネッツの犬、ミスターが死んだ。リンは本人いわく「またしてもの鬱」に陥った。彼女はオリックを去りたくとも、それは難しいとわかっていた。現に彼女は町に仲間を見つけていたし、つねに話し相手もいた。しかしラリーからは離れるつもりでいた。公園が経営する教育センターに勤めていたリンだったが、「最良の人たちではない」としながらも地元民たちと懇意にしていたため、パークレンジャーたちから自分が白い目で見られているのを感じていた。

その頃までに息子のデリック・ヒューズは、ネッツ家のバンガローの裏に自分で建てたワンルームの離れで、恋人のサラと暮らしていた。屋根の高さをもち上げて寝室用のロフトをしつらえ、絶縁材と化粧ボードを貼りつけてあった。もっていた自分の薪ストーブをこの離れに入れた。

その夏のある日、リンとヒューズがリンの新しい子犬をつれてヒドゥンビーチを歩いているとき、ふたりのレンジャーが近づいてきて、書状による警告をネッツに与えた。犬にリードがついていなかったからである。ヒューズは携帯電話のカメラをオンにして、その鉢合わせの模様を録画し、その夜フェイスブックにアップした。動画のなかでヒューズもリンも、砂浜の丸太のうえに子犬を乗せてやるためだけにリードを解いたのだと主張している。しかしレンジャーたちは、それは許可されていないと反論する。さらにレンジャーたちは、ヒューズのトラックの不正登録にも違反チケットを切った。

カメラはこのあと砂浜に向けられ、釣り竿を手にしたヒューズの長く伸びた影が現れる。レンジャーがリンの身分証明書提出を求め、チケットを切っているとき、「違法伐採の件で、まだ俺を調べてるのか?」とヒューズは問う。

「そんなんじゃない」とレンジャーは答える。

「ダニーが出所した」とヒューズが動画のなかで母親にいうのが聞こえる。「あいつのタレコミを読んだよ。レッドウッドのことで明らかに俺が捜査されてる。とんでもないぜまったく![原注4]」。

この出来事の直後、リン・ネッツは公園の教育センターの職を解雇された。[原注5]彼女はビーチでの言い争いがもとで、この雇い止めにつながったと見ている。

第14章　パズルのピース

「（国立公園は）住民のためになってない」
——クリス・ガフィー

動体検知カメラに映る人影

レッドウッドのくり抜かれた洞（うろ）に腰を下ろし、レンジャーのブランデン・ペローは計画を立てていた。彼と同僚のセス・ゲイナーは、ハイウェイ一〇一の施錠された鉄製のファームゲート裏の近くの木に二台の動体検知カメラを隠した。茂みのなかに隠したカメラはレンズだけが外を見通せるようにしてある。そのうえで彼らは盗伐現場までの道をたどり直し、さらに六台のカメラを設置した。

ペローとゲイナーが木々のなかに隠したカメラは、定期的に回覧が必要となる。オフィスで映像をダウンロードし、チェックするためである。二〇一八年二月の雨の日、ペローはメイクリークの伐採現場

築地書館ニュース

自然科学と環境

TSUKIJI-SHOKAN News Letter

〒104-0045　東京都中央区築地 7-4-4-201　TEL 03-3542-3731　FAX 03-3541-5799
ホームページ http://www.tsukiji-shokan.co.jp/

◎ご注文は、お近くの書店または直接上記宛先まで

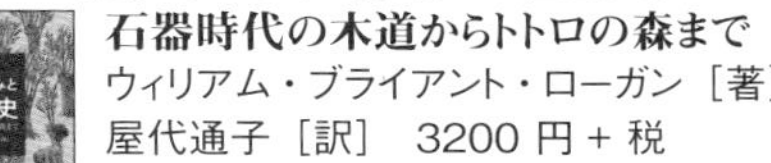

大豆インキ使用

植物に親しむ本

見て・考えて・描く自然探究ノート

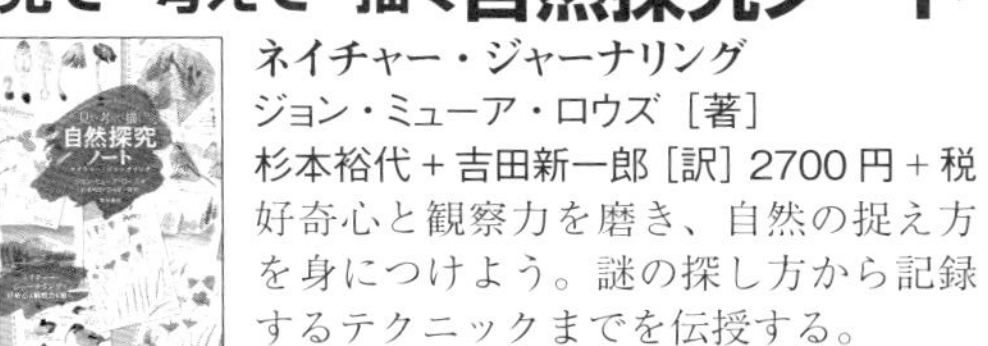

ネイチャー・ジャーナリング
ジョン・ミューア・ロウズ［著］
杉本裕代＋吉田新一郎［訳］2700 円＋税
好奇心と観察力を磨き、自然の捉え方を身につけよう。謎の探し方から記録するテクニックまでを伝授する。

樹木の恵みと人間の歴史

石器時代の木道からトトロの森まで
ウィリアム・ブライアント・ローガン［著］
屋代通子［訳］　3200 円＋税
1 万年にわたり人の暮らしと文化を支えてきた樹木と人間の伝承を世界各地から掘り起こし、現代によみがえらせる。

庭仕事の真髄

老い・病・トラウマ・孤独を癒す庭
スー・スチュアート・スミス［著］
和田佐規子［訳］　3200 円＋税

年輪で読む世界史

チンギス・ハーンの戦勝の秘密から失われた海賊の財宝、ローマ帝国の崩壊まで
バレリー・トロエ［著］佐野弘好［訳］
2700 円＋税

旅する地球の生き物たち

ヒト・動植物の移動史で読み解く遺伝・経済・多様性

ソニア・シャー［著］夏野徹也［訳］

3200円＋税

地球規模の生物の移動の過去と未来を、生物学・分類学・社会科学から解き明かす。

極限大地 地質学者、人跡未踏のグリーンランドをゆく

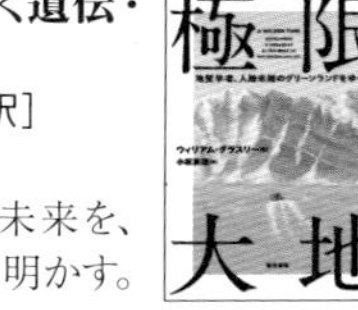

ウィリアム・グラスリー［著］小坂恵理［訳］

2400円＋税

人間は、人跡未踏の大自然に身をおいたときに、どのような行動をとるのか。地球科学とネイチャーライティングを合体させた最高のノンフィクション。

深海学 深海底希少金属と死んだクジラの教え

ヘレン・スケールズ［著］林裕美子［訳］

3000円＋税

深海が地球上の生命にとっていかに重要かを研究者の証言や資料・研究をもとに語り、謎と冒険に満ちた、海の奥深く、不思議な世界への魅惑的な旅へと誘う。

太陽の支配

神の追放、ゆがむ磁場からうつ病まで

デイビッド・ホワイトハウス［著］

西田美緒子［訳］ 3200円＋税

人々が崇め、畏れ、探究してきた太陽。神話、民俗学から天文学まで、太陽と人の関わりを網羅した1冊。

冷蔵と人間の歴史

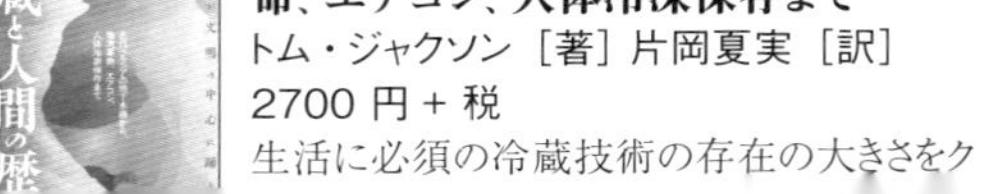

古代ペルシアの地下水路から、物流革命、エアコン、人体冷凍保存まで

トム・ジャクソン［著］片岡夏実［訳］

2700円＋税

生活に必須の冷蔵技術の存在の大きさをク

人類と感染症、共存の世紀

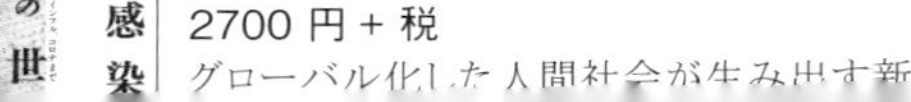

疫学者が語るペスト、狂犬病から鳥インフル、コロナまで

D・W＝テーブズ［著］片岡夏実［訳］

2700円＋税

グローバル化した人間社会が生み出す新

へ戻り、その目的でカメラのSDカードを交換した。その際、岸の上にまだついたばかりのタイヤ痕を見つけた。伐り倒された木やレッドウッドの切り株から、さらに多くの部分が切り取られていた。それだけではなく、切り株近くに残されていた木片のいくつかはもう運び出されていた。

サウス・オペレーション・センター（SOC）に戻ると、ペローは窓のない小さなオフィスの机の前に座った。壁には「勇気とは恐れということ。それでもとにかく前へ出ること」というジョン・ウェインの教訓が書かれたポスターが貼ってある。

ペローはSDカードの映像をハードディスクに収めた。カメラが赤外線を使って像を捉えているので、画面はほとんど白黒に見える。またわずかな風にも敏感に反応するので、チェックした初めのいくつかの画像は使い物にならなかった。しかし二月二日という日付の記された画像には、小さな明るい色のトラックが到着し、タマシダの茂みのなかで切り返すのが映っていた。カメラの画像の一部は、レンズのまえの小枝がかぶさってぼやけていたが、他の画像でペローはトラック運転手のおおまかな輪郭をつかむことができた。開いたドアの近くに立ち、タバコの尖端に火が灯っていた。

ペローは映像をズームにして引き伸ばそうとした。しかしうまくいかない。それでもその男の背丈と体型はわかった。長身でやせ型だ。デリック・ヒューズだと彼は思った。ビーチからよく木をもち去るのをペローが見ていた男だ。その他の画像を点検してみると、カメラがいつもドライバーを捉えていたわけではないものの、これと同じトラックが何度も停まるのが見えた。ペローはチーフレンジャーのスティーブン・トロイのいる事務所へ歩いて向かった。

「誰に見えます？」ペローはノートパソコンでトロイに映像を見せながら聞いた。

「デリック・ヒューズっぽいな」とトロイがいう。
「私もそう思います」とペローは答えた。

ネッツ家の家宅捜索でヒューズに銃口が

トロイは前任の上司、ローラ・デニーがかつていっていたのを覚えている。たとえ木材違法伐採にデリックが手を染めていると始終疑っていても、「決してデリックはつかまえられない」と。まだ証拠はないが、公園からヒューズがもち去った木の量は「気が遠くなるほど」だったとトロイは見ている。

メイクリークの件の容疑者を絞り始めたとき、SOCのレンジャーたちはバールショップを訪ね、周辺に車を走らせた。「多くの人は（SOCに）来たがらない。彼らはここへ来るのを誰にも見られたくないんだ」とトロイはいう。だからはトロイは町なかで人々に近づいたり、家々をノックしたり、地元の会社を訪ねたりする。トロイとペローはリン・ネッツの家の近くにも車でいき、小さなグレーのトヨタ製ピックアップトラックのタイヤを調べ、それがトーヨータイヤであることを確認した。

町で聞いた話と隠しカメラの証拠を突き合わせ、さらにタイヤの分析をすると、すべてがヒューズを指し示していた。ところが、レッドウッドの森のレンジャーたちがハンボルト郡の地域弁護士からヒューズの家宅捜索のための令状を確保するには三カ月かかった。それでも彼らは自分たちを幸運だと考えていた。ダニー・ガルシアを逮捕するための十分な情報をかき集めたときには、そのおよそ二倍の期間を要したのだから。

木材の違法伐採を告訴するとなれば、法執行が直面する課題のひとつは逮捕令状を確保し、法廷の体系にしたがって事案をまえへ進めることだ。多くの地域弁護士は、違法伐採の事案を引き受けたがらない。デニーによると、「殺人やレイプやその他のあらゆる犯罪が続いていたら、その方が木の盗難よりも優先されるから」である。刑罰はえてして中程度だし、ハンボルト郡の刑務所は飽和状態にある。したがって地域の法体系では、盗伐者の告訴を正当化する具体的な証拠が大いに期待されるのである。

ヒューズの件が捜査されていた頃、新たな地域代理弁護士がハンボルト郡に赴任し、環境犯罪の告訴によって名を上げようとした。エイドリアン・カマダは原生自然訴訟への積極関与で知られており、公園を悩ませていた木材違法伐採事件への十分な知識をもって任にあたった。カマダは環境犯罪に強い関心をもっていたため、その防止に取り組んで法執行に尽くしたいと強く望んでいた。ヒューズが森のカメラに撮られたとき、カマダは近年のハンボルト郡で最も見苦しい環境犯罪のひとつを取り扱っていた。密採者たちがオリック付近の岸壁をよじ登り、デュードレヤ属の稀少な多肉植物[原注1]（一般には「ムラサキベンケイソウ」として知られる種）を大量に盗み取り、オンライン販売や海外市場向けにしていたのだ。レッドウッズチームは集めた証拠にもとづいて、ネッツ家の家宅捜索令状を取ろうと動き始めた。このことは令状確保のための裁判所への訴状提出だけでなく、補佐をする複数の法執行官の調整も意味していた。

チーフレンジャーのスティーブン・トロイがいうには、捜査令状の執行はいつも多少の恐怖をともなってスタートする。「ドアを強くノックしたとき、相手がどう反応するかは皆目わからない」と彼はいう。「ある意味エキサイティングだし、別の意味では神経をすり減らす。最初の一五秒間が勝負さ」。

二〇一八年三月一七日の夜、国立公園と州立公園のレンジャーたちは、その夜の捜査令状執行の実行計画を再点検するために集まった。ヒューズは恋人のサラと離れにいる。これはヒューズが「物置」と呼んでいる裏庭の住居だが、リンとラリーの家からは離れているので、カップルにとってはプライベートな離れとなっていた。屋内では、虫が入らないように入り口のドアと部屋との間にシーツが掛けられている。入り口ドアからまっすぐに目をやると、ヒューズがしつらえたロフトへと上がっていく梯子がある。左手にはベッドルームがあり、テレビやコーヒーテーブルが置かれている。

ペローとトロイと法執行官チームは、すぐリンの家に接近し、ドアをノックした。ペローが捜査令状をもっていると告げると、家からは三人の人物――リン、ヒューズの妹のローラ、そしてラリー――が出てきて、チームが家宅捜索を始めたときには前庭の芝生に立っていた。

トロイとペローは前庭をひとめぐりしたあと、離れに近づいた。ヒューズとサラがテレビを見ながらベッドにくつろいでいた。だからヒューズは面喰らった。AR-15セミオートマチック・ライフルの銃筒が、いきなり虫よけシーツを外側からまさぐってヒューズの顔にピタリと向けられたのだ。ヒューズは武器を携行している役人がトロイだとわかり、トロイの指が引き金に掛かっているのに気づいた。「引き金から指をはずしてください」。ヒューズはそういったのを覚えている。「撃ったら取り返しのつかないことになりますよ」。

彼はトロイの返事も覚えている。「黙ってこっちへ出て来い」だった。

外に出ると、ペローはヒューズを地面に押しつけ、手錠をかけてトラックのタイヤの外輪にヒューズの頭を押し付けた。トロイは回想する。「ヒューズは粋がってわめいてた――もっぱら私に。上等だよ」。

ヒューズは木材違法伐採に加担したことを否認したが、裁判所の書類には、レンジャーのエミリー・クリスチャンに対してこう認めたとある。「ああ、覚醒剤ならもってるよ」。彼はまた、がらくたの山から木材を掘り出した製材所勤めの友人から、その土地の近くに転がっていた木材をもらったといった。

五人の家族はその後、パークレンジャーたちが離れを捜索しているあいだ裏庭に立ち尽くしていた。

「さて、坊や」とトロイはいった。「いろいろ見つかったよ」。

離れの内部で、彼らはブラスナックル*（ヒューズの言い分によると、この種の違法アイテムに似せて作った単なるベルトバックル）や、微量のメタンフェタミンが入った小さなビニール袋、そして四本のメタンフェタミン用パイプらしきものを見つけた。棚にはピストルが置かれていた。公園施設から紛失していたワンセットの古い鍵も[原注2]。そして捜査チームはノートＰＣとヒューズの携帯電話も押収した。

レンジャーたちが離れを去ろうとしていたとき、ペローはドアのそばの壁に画鋲で留めた数枚の紙に気づいた。それはダニー・ガルシアの樹木違法伐採事件に関する法廷の書類であることがわかった。ヒューズがヒドゥンビーチでのレンジャーたちとの口論のあいだ、彼が実際に「タレコミを読んだ」と母親にいっていたからである。

離れの外では公園チームが、車道に停められたＲＶを捜査し、ＲＥＤＷ（レッドウッド）というイニシャルが刻まれた動体検知カメラを見つけた。公園当局が通常は茂みに潜ませておく機器だ。捜査チームはその敷地内の三カ所で、ずたずたに刻まれたレッドウッドの山も見つけた。仕切り塀の近くにあった分、ネッツ家のテラスの下に隠されていた分、そしてガレージにしつらえた木工用の作業場内の分だ。作業場には木製の轆轤と、木椀に加工するさまざまな段階のレッドウッドの木塊もあった。

「ヒューズが自分でそれをターニングしていたと知って、私はまごついたよ」とトロイはいう。「他の事件でわれわれが見知っていたのは、彼らがそれを生木やウッドスラブとして売っていたことだから」。しかしもっと大きないくつかのスラブが、まだターニングされないままそこにあった。「おそらく（そのスラブは）われわれが捜査してる筋へとそのまま横流しされる予定だったんだろう」とトロイはいう。「もしヒューズがそれをターニングして木椀にしていたら、（メイクリークの）あの木からできていたものだとはとてもわからなかったはずだ」。

ヒューズはパトロールトラックの荷台に乗せられ、ユーレカにあるハンボルト郡高等裁判所の建物まで連行された。そこでは書記が六件の犯罪告訴についてヒューズから調書を取った。度重なる損壊、盗まれた資産の授受、大規模な窃盗、メタルナックル所持、メタンフェタミン所持、メタンフェタミン器具所持。彼は建物を出て、ネッツが車で迎えに来るのを待った。

「その日の終わりに」とデリック・ヒューズはあとで私にいった。「（メイクリークの）木はまだうちにあったよ」。

盗伐者の通報に報奨金五〇〇〇ドル

国立公園局は盗伐者たちを起訴しようと奮闘する。カリフォルニアの自然公園は広大で、公園監視員は越えられないハードルに直面していた。彼らの訴追が物をいうわけでもなく、証人として役に立つわけでもない。いきおいそれは確率のゲームとなる。レンジャーは来園者が伐採に気づいて通報してくれるのを祈るか、盗伐者を現行犯でつかまえたいと願う。

二〇一四年、レンジャーのロジー・ホワイトとローラ・デニーが調査しているバール事件頻発のさなかにあって、レッドウッド国立・州立公園はハイウェイ一〇一沿いのすべての路側帯や駐車場を閉鎖するよう決定した。事実上、停車した車を異様に目立たせる規則がくだったことになる。「問題はむしろ、そっちを好む盗伐者がいるってことなんだが――」とペローはいう。道路が閉鎖されていても、盗伐者たちは歩いて伐りにいくことができた。そして車や徒歩でそのエリアから運び出すのではなく、伐った木材を樹木のうしろに隠しておき、翌朝戻って来てそれを運び出すことができた。「奴らはどんな面倒でも平気でやってのけるんだ」とペローは説いた。

ペローのようなパークレンジャーは、盗伐者を捕まえることを「限られた選択肢」という。物流や財政面の制約のことをいっているのだ。レッドウッド国立・州立公園で盗伐リスクのあるすべての原生林を遠隔監視するだけでも、実行はきわめて難しい。夜間のハイカーや深夜のドライバーを侵入させないためにフェンスで公園を遮断するのもそうだ。

その代わり公園局は情報受付窓口を設置したが、ペローはそこにたまたま届くメッセージなど「青天の霹靂」だという。そこでレンジャーたちは、偶然を呼び込む才能に頼り、地元との接触を強化した。何かを知っているかも知れない地元の情報提供者の支援を得て、昼間の野外パトロールで伐採現場が稀に見つかることもある。

「本当のところ」とペローはいう。「(自分たちの骨折りで)ひとりやふたりのレンジャーが、特別にそういう試みをやって見つけだすことはある。しかし他にも張り付きの仕事があるときに、そのためだけの職務をまかなう予算となると――」。ただ、個人的な怨恨や森での縄張り争いがきっかけで、盗伐者が法執行部にたがいを売り渡し合うことはあった。ある場合には、盗伐現場に関する情報を提供すれば、機密情報の密告者に対して科せられる軽微な罪を公園局が免責する場合もあった。同様にレッドウッド公園協会は、セイブ・ザ・レッドウッズ・リーグとの協賛で、盗伐者の所在を教えた人には誰にでも五〇〇〇ドル（約六六万円）の報奨金を支払った。

更生施設での会話記録で捜査が進展

チーフレンジャーのトロイは、捜査令状が成果を上げたことに胸をなでおろしたが、ヒューズを有罪とするのに必要な段取りがまだ済んでいないこともわかっていた。二〇一八年五月九日、公園従業員のうち五〜六名が、ネッツ家の住居から押収した木を車に積んでメイクリークの盗難現場へ運び戻した。そのグループはレッドウッドの大きな切り株と三枚の厚板をモーターつき手押し車に載せ、けもの道へとずんずん押し込んで進んだ。彼らはそうしてサンプルを切り株のうえまで移動する。木片はパズルのピースのようにしっかり嚙み合った。

ペローはデリック・ヒューズの盗伐事案を調査し、二〇一八年六月に至るとネッツの近隣住民、ロバート・アンダーソンと面会した。当時たまたまハンボルト郡更生施設で拘束されていた人物である。ペローと話しているうちにアンダーソンは、ヒューズが友人のひとりであることをしぶしぶ認めた。ある夜ふけ、ヒューズが自分に「ちょっと手伝ってほしい」と頼んで来たことがあったのだとアンダーソンは回想した。

アンダーソンが明かしたところでは、二〇一八年の冬に二度、ふたりはオリックからレッドウッドの切り株まで車で一〇分の夜間走行をしたことがあった。アンダーソンはそのおおよその場所を、バイパス付近の林地だったと語った。ヒューズはチェーンソーをもっていたとアンダーソンはいう。「真夜中に特定の木を探しながら」、森のまわりを歩き回ったと彼は語った。その二日後の深夜行で、彼らはその木を見つけ、まわりにあったレッドウッドの木片をかき集め始め、さらに斜面のうえで木片を転がし、トラックまで運んだ。アンダーソンはその木の大きさを手幅で示した。六〇センチほどある。その木で木椀を作るんだ、とヒューズはアンダーソンに話した。

捜査が大きく進展するのは、郡の更生施設で五月二四日の朝におこなわれたアンダーソンとヒューズの受話器越しの会話の音声によってだった。地域代理弁護士付けの調査員がそれを録音してあった。ヒューズがアンダーソンを更生施設に訪ね、ふたりはヒューズの事件に関するすこし前の新聞報道について話し合った。公園局がヒューズのものと特定した声は、そのニュースのせいで自分がもう仕事に就けないだろうと強い不満を述べていた。「奴ら、まるで俺にレッドウッドのバールを伐って欲しいといってるみたいだ」。音声は続く。「記事では俺たちがレッドウッドを伐ったみたいになってる。俺たちが伐ったのは切り株からなのに」。

アンダーソンはほかにもペローに有用な手がかりを与えていた。チャーリーと呼ばれている人物を洗ってみろというのだ。

ペローはオリック周辺出身のチャールズ・フォークト[原注3]を知っていた。フォークトはオリックに育ち、ラリー・ネッツとともに製材所で数年働いた。フォークトとヒューズは友人で、たびたび会っていた。メイクリーク盗難事件の捜査の初期に、ペローはフォークトの車を停めさせ、メタンフェタミン用のパイプを発見していた。違法行為を訴追するかわりに、公園側はこの機会を利用することにした。ドラッグの罪を見逃すのと引き換えに、ヒューズの事件についての情報をフォークトに求めたのだ。

フォークトはSOCから見てハイウェイ一〇一を隔てた向かい側に位置するマーケットで働いていたので、ペローとレンジャーのエミリー・クリスチャンはある日道路を渡り、チャールズ・フォークトに勤務時間が引けたらSOCに立ち寄るよう要請した。

ペローによればその日の夕方、フォークトはかつてヒューズに誘われて公園の切り株を訪れたと説明したのだという。フォークトはそれまでヒューズのやろうとしていたことを知らなかったと主張した。しかしふたりが現場に着くと、ヒューズがチェーンソーで切り株から木片を切り出していくのをフォークトは見た。彼はその場所をバイパス付近の、ハイウェイから車で一〇分ほど北の町だと説明した。自分は何も切らないようにしていたとフォークトは主張した。むしろ見張り番で、幹の後ろに木を隠すのを手伝ったといった。

ペローはメガネをかけた一五二センチのこのフォークトを、監視カメラに撮影された男ではないと確信した（容疑者のぼやけて映った顔の特徴は、アンダーソンのものでもなかった）。ヒューズは写真の男と共通の特徴をもっていた。のちにヒューズは、トラックに木を積んで返すためだけにフォークトがヒューズのトラックを借りたと主張したが――。ヒューズはその後、フルート製造業者にその木の販売を申し出たが、要求額が高すぎるためその職人に断られている。

カメラはメイクリークの木立ちに隠されたままだった。「われわれは監視していたことを（ヒューズに）知らせてやった」とペローは説く。「もし（公園を）車で走り抜けてるあいつを見たら、われわれは停車させる。いつも何らかの道路交通法違反を犯してるんで、それを取っ掛かりに奴の尻尾をつかむためだ」。

その夏しばらくして、レンジャーたちは例のヒューズの電話でわかった詳細な内容の報告を受け取った。多くの文書によるメッセージ（なかには写真つきもある）が、原生林レッドウッドの厚板販売に関係していた。

盗伐材の市場価値を算定

ヒューズはガルシアのようなことは決してしないという。生きている木を切り刻むようなことは——。「もし木が地面にあったら、それはすでに枯れてそこに落ちてるわけだ。俺たちは生きてる木をレイプしようとは思わない」。

公判前手続きの聴聞で、国立公園局のレンジャーや弁護士たちはユーレカの郡裁判所の法廷でヒューズや弁護団とともに集まった。ヒューズは公園局が事件の証拠を提示するのを見ていた。弁護士たちや公園局による調査や審議のあいだ、ヒューズは多年にわたりみずからの無実を唱え続けていた。パークレンジャーたちはペローの隠しカメラで撮った数枚の画像を明示し、ヘッドランプの明かりのなかのその男を見せた。「聴聞席にいるあいだじゅう、誰も俺と目を合わせなかった」とヒューズはのちに回想した。

提訴側はアーケータの林業専門家でダニー・ガルシアの略奪行為を三万五〇〇〇ドル（約四六〇万円）と算定したことのあるマーク・アンドレにも意見を求めた。ヒューズ事件の木がネッツ家から押収されて以後、アンドレはペローにその価値の査定も頼まれていた。そこで四年を経過していたSOCの証拠品ロッカーに戻り、積まれていた三二個の木片をアンドレは写真に撮った（彼はのちに木目をコンピュータ解析することになる）。そしてメイクリークをペローとともに訪れ、アンドレは幹と丸太の両方を巻き尺とビルトモアスティック*で「空間測定」した。彼はフィールド日誌にいくつかのメモを書き込み、オフィスに帰って材木の市場価値を計算し始めた。アンドレは盗伐現場から消えた木の総量をボードフィートに換算する自前の計算式を用いた。盗伐木材の総量は二八五ボードフィートだった。最終的にアンドレはその数字を利用して地元製材所に相談のうえ、その木材が小売業者へ卸される場合の価格を算出した。

「（私は）そういった特殊品市場向けのバイヤー情報を握っていましたが」とアンドレは法廷で見解を述べた。「ごくごく小さな市場です。そこの数少ないバイヤーたちは、いつも多くを語ってくれるわけではありませんが、私と話をしたひとりは、許可された場所から合法品を買ったんだと誓っていいました」。

ボードフィートは材木の価値を査定するための標準的な単位だが、重量で支払うバイヤーもいる（SOCの証拠品ルームにあった輸送品は六〇三キロだった）。また一ピースあたりの固定価格で支払うバイヤーもいる。ある事例でアンドレは違法伐採された木材を一塊およそ五〇ドル（約六六〇〇円）と慎重に見積もった。しかし彼は、現時点では低くとも、ボードフィートなら高い見積もりになると確信していた。結局彼は六二五ドル五〇セント（約八万二〇〇〇円）の値をつけた。

明らかに、原生林レッドウッドの正確な価値は査定が難しい。それはアメリカ国内で年間に売られる全木材の一パーセントにも満たない。だから稀少性ゆえにその価値は、より広範な市場における利率や、家屋の改築需要や、全国住宅着工数といった変動相場とは連動しないのである。それよりもレッドウッドの真価についてのは、生物多様性へのインパクトや、森林への影響や、観光面の効果や、われわれの文化における位置づけを考慮しなければならない。

「ところで」とアンドレは法廷での証言の結論をこう述べた。「切り株はまだ生きてます。そこに芽がでている。レッドウッドのひこばえが切り株から生えてきてるんです。切り株といえども、それは生きている樹木なんです」。

第15章 新たな激流

「みんな生計を立てようとしてるだけ、とあんたはいうかもな。そうさ、それに尽きる」

——クリス・ガフィー

バンクーバー島での盗伐

二〇一八年にデリック・ヒューズが自分の裁判の進捗を待っていたとき、太平洋岸北西部はまたべつの盗伐増加をこうむっていた。ベイマツを含む何種類かの北米木材について、価格は高騰していた。二〇一八年二月には、一〇〇〇ボードフィート（すなわちツーバイフォー材一四三本、または約二コード）あたり四四〇ドル（約五万八〇〇〇円）以上という記録的な高値に達している。盗伐木材による損害額は非常に高く、いよいよ危機に相当すると見る人もいた。

ワシントン州では、公有地からの盗伐木材のひろがりに「感染」という用語が使われた。「自暴自棄の人々がいる」と、その年の末のワシントン森林保護協会ブログへの投稿にある。「そのうちの誰かが誰かを病みつきにさせる。連邦や州の天然資源局から違法に木を伐ってきて、せっせと需要を満たすことに」。

二〇一九年にバンクーバー島では、あまりに多くの盗伐が起こり、その土地で伐木される樹木の数に天然資源官（ＮＲＯｓ）たちは「すっかり足並みをかき乱された」という。ブリティッシュ・コロンビア州のＮＲＯｓは、州有林からの利益損失を防ぐことを任務としている。彼らは防弾チョッキを含む上下黒のユニフォームを着て働き、法規制を執行していた。森林犯罪率が増えたため、この州はＮＲＯｓに接近戦を訓練させ、警棒や催涙スプレーの携帯をうながした。

二〇一九年春のある晴れた午後、私はナナイモ市周辺を巡回する天然資源官のひとり、ルーク・クラークのパトロールに同行した。合計わずか数時間のコースで、私たちはバンクーバーの市街に通じるセントラルハイウェイから一・六キロ弱の延長道路沿いにある多くの盗伐現場にぶつかった。

ブリティッシュ・コロンビア州森林局道路の脇には、本来なら樹木が高く聳えるはずの場所に切り株が点在している。州有林はいまも沿岸のベイマツ、ヒロバカエデ、ベイツガ、原生ヒマラヤスギの木立ちが豊かに茂っている。長年、住民と環境保護活動家たちは市街地付近の多くの地区で伐木を制限するよう州政府に説いてきた。しかし公式に禁止しても、過去に例を見ない木材違法伐採の激増からこうした場所を守ることはできていない。カリフォルニア州北部のレッドウッドと同様、道路沿いの高い樹木に隠れてしまい、また木全体を素早く製材して車両に積み込めるので、恰好の標的となった。「正直なところ、追っつかないよ」とクラークはいった。「それくらい多すぎる」。二〇一三年から二〇一八年まで、ブリティッシュ・コロンビア州のＮＲＯｓはおよそ二三〇〇件の森林犯罪を報告した。最も多いのは木材窃盗、違法伐採、そして放火だった。

そのあいだ、標的とされたのはおもにベイマツ、ヒマラヤスギ、カエデで、こうした木々からは製材からシェイクブロックまで、何でも作ることができた。

ベイマツはほとんどの場合、細断されて薪として売られた。他の樹種よりも高温で燃えるからである。道路脇には売れる木を見つけることができ、オンラインやフェイスブック・マーケットプレイスのようなプラットフォームにアップされ、均一料金で定価をつけられトラック輸送された。

ヒマラヤスギは通常、屋根板、シェイクブロック、家具になるが、薪にはしない。これはベイマツの約三倍の価値があるのだ。ヒマラヤスギの特性――その深く豊かな色合い、かぐわしい木の香り、まっすぐに伸びる性質――は高い価値をとどめていて、とくにサウナやテラスの建築家たちに求められる。

カエデは切り倒すのに一定の技術が要る。レッドウッドやベイマツと違い、カエデの木は幹が枝分かれし、熊手のようになっていたり、反ったり曲がったりしている。昔ながらのカエデ市場は何といっても楽器用の木材を作る製材所だが、近年クラークは新しい需要のひろがりを見ている。「バンクーバーのほとんどの酒場に、カエデの耳とよばれる曲線を残して製作された一枚板のテーブルがあるよ」と彼はいった。「これはそれほど一般的なものなんだ。どこから来るか？　あるものは合法的に、あるものは違法に入手される」。

目のつけどころさえわきまえれば、ブリティッシュ・コロンビア州で盗伐を見つけるのはたやすい。両脇に木の枝が散乱し、マツの針葉が散らばる林道からハイウェイへと続くぬかるみのタイヤ痕である。

「壺のなかからクッキーを一個つまみ出すようなもんだ。誰ひとり気づきやしない」と、ブリティッシュ・コロンビア州を拠点に動く*王立カナダ騎馬警察（ＲＣＭＰ）森林犯罪捜査隊のパメラ・ヴィン伍長はいった。「しかし木片の山積みが並んでいたらどうだ？　よっぽど目立ちやすい」。

クラークと私は、まえもって特定してあった盗伐現場へと車で向かっていた。しかし新しい現場がすぐに出現するので、できたばかりの盗伐現場に出くわしてもクラークは驚かなかった（原生ベイマツの木立ちで、その短いあいだに私たちは三カ所の盗伐現場を通り過ぎた）。この地域のいくつかの絶滅危惧種の生息場所となっている、灰色で縦にえぐられたベイマツの枯れ木をモニタリングすることが、クラークの仕事となっていた。

新しい盗伐現場では、クラークがトラックから飛び出し、調査開始に必要な器具を降ろした。巻き尺を使い、番号のついたビニールの旗を立てながら、彼は木を計測して残っている切り株や幹の写真を撮った。その後クラークは、タブレットＰＣでこうした情報をデータベースに入力した。今後の現場調査の追跡に用いるためである。最後にクラークは地面のタイヤ痕やブーツの足跡を調べた。

盗伐された木は森の一部の、いまはホームレスのテント集落になっているところにあったものだ。ある地点で深い茂みを小川が横切り、付近の地面は枯れ木や倒木で覆われている。その茂みを抜けると、小川を渡りやすくするように架けられた間に合わせの橋が見つかった。その場所は一部が野営地、一部が盗伐現場だったところで、木材はその橋を渡って運ばれ、道路沿いの通行人やナナイモ市付近の買い手に薪として売られていた。

ナナイモ市――カナダ最大のテント集積地

ナナイモ市は、移行期の経済や慢性的失業の波と闘うアメリカ太平洋岸北西部との共通点を数多くもっている。バンクーバー島の盗伐者にとって、市場ニーズは盗伐理由の一部にすぎない。ブリティッシュ・コロンビア州はホームレスとオピオイド中毒の絡み合う危機に直面している。二〇一八年にナナイモ市はカナダ最大のテント集積地だった（推定テント居住者三〇〇人でディスコンテント・シティ――不満の町――と呼ばれる）。同市の人口ひとり当たりのホームレス率は、ブリティッシュ・コロンビア州で最高のうちに入る。

テント集積地はナナイモ市の沽券にかかわるものになり、市民はラジオ番組や新聞のコメント欄に投書を浴びせた。多くの地元民がホームレスたちは市の外部の人間だと思いたがっていたが、二〇一八年一一月にブリティッシュ・コロンビア州住宅局の発表が明らかにしたところでは、テントシティの人々の過半数は長年ナナイモで暮らして来た人々だった。

ＮＲＯｓオフィスの隣には、ディスコンテント・シティの何人かの住人に便宜を図るために建てられた真新しい居住施設がある。その駐車場で、クラークは以前木材窃盗の罪に問うたことのある男とたまたま会った。彼はその施設に住んでいることがわかった。「話を聞いてみると、マジで金に困ってた。また私に対しては正直で、こっちの聞くことに包み隠さず答えたよ」とクラークはいう。「彼は薪を売って金にしてるというんだ」。

クラークは各種トレイルや道路の入り口にある電柱の高いところに標識を掲げ、木材窃盗を匿名で報告するチップライン*を公開した。彼と仲間の担当官はハイウェイ沿いの木々に隠しカメラを設置して市街を撮影した。クラークは街や身の回りで通報者を見つけることに時間を費やした。

ブリティッシュ・コロンビア州では、こんなしくみづくりに事案がとどまってしまうことも多い。カナダの自然保護官は、アメリカの同部署のように、盗伐者が法廷できっちりと裁かれるように彼らへの隙のない申し立てを定型化しなければならない。同州で二〇一三年から二〇一八年のあいだに追跡された二三五〇件の森林犯罪のうち、捜査されたり起訴されたりしたのはわずか半数だった。このうち、法廷までいったのはわずか一四〇件だった。

木材窃盗をなくすための次の課題は、盗伐が見つかった者への適切な刑罰の適用である。深い神聖を宿す原生林に、われわれはどうやって量的な価値をつけられるというのだろう。

いずれにせよ、二〇二〇年から二〇二一年までのブリティッシュ・コロンビア州の状況は悪化した。私は二〇二一年の春、州のサンシャイン・コースト・コミュニティ・フォレスト（SCCF）の行政官であるサラ・ジールマンから電子メールを受け取った。ジールマンは私に、一本の樹齢二〇〇年のベイマツが近隣で最近盗伐されたことを知らせていた。「私たちの地域では」と彼女は記している。「原生林は重大な欠損を負っています。一本でも大きな損害です」。

コミュニティ・フォレスト——木材収穫と保護・レクリエーションを両立

ブリティッシュ・コロンビア州本土南西部の小地域、サンシャイン・コースト[*]は、レッドウッド・ハイウェイによく似た一八〇キロの道路——苔むした広大な森林にはさまれて、曲がりくねった舗装路——の末端にあって、峡谷やフィヨルドに連なり、コーストマウンテンズの麓に心地よく身を落ち着け

ブリティッシュ・コロンビア州サンシャイン・コースト・
コミュニティ・フォレストの盗伐現場
(ヴェロニカ・アリス撮影)

ている。ここにはレッドウッドはまったく生えていない。しかしこの地域の豊かな生物多様性の特徴は、ヒマラヤスギ、ベイマツ、ベイツガの長大な実物だ。フェリーやプライベートボートでアクセス可能な、点在するごつごつした島々が海岸線上につらなる。こうしたささやかな島々のいくつかは、小さすぎて誰も住めないのである。他の島々にはサマーハウスがちらほらと見られる。ここに住んでいる人々は、この地域の豊かな林業史に詳しいことが多い。

ギブソンズの町の真北にあるハイウェイから見ると、サンシャイン・コースト・コミュニティ・フォレスト（ＳＣＣＦ）は時代の産物である。このコミュニティ・フォレストは、二〇〇三年にブリティッシュ・コロンビア州の「森林闘争」の影響のもとで創設され、自然保護、レクリエーション、そしてボランティア団体による木材収穫のために管理されている。管理された自然保護サイトと商業利用地のあいだに踏み込むことを目的とし、コミュニティに薪の無人販売所や無料許可証による収穫を提供している。ＳＣＣＦは収穫計画を策定し、経済収益のために森を維持管理してきた。ただし水源管理、持続可能な道路開発、野生動物保護も考慮に入れている。

「年間数百枚の許可証を配付する」と、二〇二〇年にSCCFオペレーション・マネージャーのデイブ・ラッサーはいっていた。「住民はみんな薪ストーブを買った。薪ストーブが大好きなんだ」。彼は四年間、コミュニティの同一区域から自分の薪を拾い集めて来た。「この秋には一〇山から一二山の薪を拾う」とラッサーは概算する。「そしてすべてをうちの薪ストーブで燃やすことができる。薪拾いはいい精神衛生法になる」。

しかし、そのコミュニティ・フォレストにも違法伐採がつきまとう。二〇一九年春、ルーク・クラー

サンシャイン・コースト・コミュニティ・フォレストで屋根板のために削られた樹皮。木材生産と保護・レクリエーションを両立させるコミュニティ・フォレストでも盗伐がおこなわれる
（ヴェロニカ・アリス撮影）

クが英連邦官有地の盗伐者を追跡していた頃、ラッサーは森林が盗伐に「感染」されていると宣言した。過去五年間で、コミュニティ・フォレストとそこを直接取り巻く英連邦官有地からおよそ一〇〇〇本の木が盗伐されていたと彼は推定した。ラッサーは違法に伐採された木から見て、一本の林道の延長に沿って数百本の切り株があるとした。ミックスファー、ベイツガ、ヒマラヤスギの立ち木の集合が、ただのベイツガとヒマラヤスギの立ち木へと徐々に変わり、モミ材は薪の盗伐者の手に渡っていった。

市民からSCCFオフィスに電話があり、その土地で伐られた木を見つけたと知らせてくることもあった。ラッサーがSCCFの区画を定期巡回しているときに、道路の近くで伐られた木の幹を見つけることもあった。あるときなど、彼はどんなトラックも通り抜けられない森のなかで、地面に置き去りにされている二〇メートルの伐り倒されたベイマツを見つけた。

「木はたいがい見つかる。道と直角に木を倒されていて、側溝から側溝まで中身を切り出してあったり」とラッサーはいう。「一山ずつ積んでおいて、あとはトラックの荷台に放り込んでもち去ってしまったり――」。多くの場合、一本の木の両端――樹冠と切り株付近の幹の部分――は切り取られ、道の脇におが屑にまみれて捨ててある。「ときにはしばらく使われてなかった道をいくこともあるが」と彼はいう。「そうすると誰かが木を投げ捨ててある。まるで自分個人の薪炭林で採ったみたいに。それも一〇本だよ。五〇メートル四方の土地に」。

二〇二〇年五月のある日、ラッサーは幹に広く深い切り込みが入った高く聳えるベイマツを車で通りかかった。木には修復不能なほどカージャッキが打ち込まれていた。盗伐者がその作業をするには力の弱すぎるチェーンソーを使って木を倒そうとし、その後、幹にジャッキが刺さったままで計画を放り出したのではないかとラッサーは思った。「なんともぶざまなことだよ」と彼は嘆く。

それを見つけたあとでラッサーは、盗伐者が他の木を目当てに再び来ることもあろうかと、付近の木の枝に監視カメラを設置した。数日後、果たしてカメラはひとりの男をとらえた。男はチェーンソーを手にし、刻み目を施した木を道路と直角に伐り倒した。盗伐者はその後、木を整然と玉切りにし、その禁断の木材をピックアップトラックのうしろに括り付けたトレイラーに積んだ。

コロナ禍で木材高騰、盗伐ニーズも

しかし時は二〇二〇年。州のコンプライアンス・法執行チームは合衆国国境警備の任を割り当てられていた（新型コロナウィルス感染症への対応として、三月から不要不急の国境移動は閉鎖）。木を植えることと伐ることは不可欠な役務と見られていたので、多くの森林コンプライアンス担当官はその役務がコロナ関連の規範に確実に従うよう監視する任務をあてがわれた。盗伐の監視は、任務の優先順位リストでは下位に落ちてしまった。

上がっていくのは木材需要ばかりだった。トラック一台分の木材は三〇〇〇ドル（約三万九〇〇〇円）という前例のない高値で売れ、あたりをつけた伐採地点があれば一日にトラック二台分の木を伐採できた（もっと南のバンクーバー寄りや州本土で人口の多い地域では、同じトラック一台分に八〇〇ドル（約一〇万五〇〇〇円）という仰天の値がついた）。ラッサーはかつて、薬物の仲買人が支払いを現金でなく木材で要求し始めたとの噂を聞いたことがあった。彼らはトラックで二時間ほど南へいったところまで盗木を運び、手っ取り早く売りさばくのだった。

デイブ・ラッサーの目には、薬物依存症との絡みは明白だった。「彼らの習慣にはキャッシュが必要だからさ」と彼は私にぼそりといった。確かにSCCFの好評なフリー・ファイアウッドプログラムでは、彼らが好きなだけ木を取っていくことができる。ただし「個人利用」の伐採許可を森林官からもらわなければならず、また薪を収穫できるのはキャンプファイアのシーズン以外で、「通常は秋から晩春まで」だった。この制限があるために、四月から一〇月まで――観光客がキャンプファイアを囲むには最良の季節――の伐採は違法とされた。

ブリティッシュ・コロンビア州で一本の木が原生林の位置づけを得るには、少なくとも樹齢二五〇年（または九等級）でなければならない。SCCFで伐られるベイマツは、その段階に達することをはっきりと望まれながら育ってきた。森林局員は原生林の特徴を示す樹木を探す。すなわち樹高三〇メートル以上で、壮麗な高木に育っているものを探し、あえてそれらを手つかずのままにしておく。ラッサーが「木立ちじゅうにちりばめられた一輪咲き」と表現する木をそこではよく目にすることになる。伐採地の中心にぽつんとたたずんで見えるが、原生林に育つべくゆっくりと齢を取っている。そこを棲み処とする猛禽類たちは、枝や樹幹に止まったり、切られた木塊に思い切って近づいて来る獲物を待ったり、さっと動いてハタネズミやノネズミをまんまと仕留めたりする。カージャッキで穴を空けられたモミは樹幹に損傷（強風で破砕）を受けていたが、それは内部に動物が巣を作る「野生動物の木」となってさらなる加虐を免れていた。

一コードの材木の価格が急騰すると、犯人たちにとって盗伐に絡んだリスクは背負い込む価値のあるものとなってきた。「もしひとりの男が一日二回の盗難品をせしめれば、そいつは五〇〇ドル（約六万六〇〇〇円）を手にする」とラッサーはいう。「たとえ誰かをしょっぴいても、そいつの罰金はいくらだい？　一八〇ドル（約二万三〇〇円）だ。一コード分の値段にもなりゃしない」。そのかわり、多くのＮＲＯｓおよびＲＣＭＰの担当官は検問に注力する。木を積んだトラック荷台を見張り、運転手に個人利用の薪の許可証を見せるように要求する。もし許可証を出せないなら、木は押収され、運転手は罰金を科せられる。

正しい原生林の守り方は、高い罰金を科するだけでなく、原生自然を奥深くまで管理する森林監視員の数を増やすことだとラッサーは考えている。「もしそれで盗伐がなくならないなら」と彼は自問する。「車でやって来ていた盗伐者はほかのどこで木を伐るか――」。

そしていう。「自分ち？　さもなきゃヤブか？」。

第16章　火種の樹

「誰かが誰かを信用する。小さな仲間うちのことだとあんたはいうだろう。だけどいるもんなんだ。たまには当てになる奴が」

——クリス・ガフィー

森林大火災の発端となった思いもよらぬ行動

二〇一八年八月四日の朝、オリンピック国有林の真上に煙が立ち昇った。八月は太平洋岸北西部では山火事シーズンの真っただなかであり、森林局の野生地消防隊はすばやく煙の発生源を追跡した。煙はエルク・レイク・ロワー・トレイルヘッド地区のハイカーによって消防隊に通報されたものだった。

三人の消防隊員のグループが、人気のハイキングトレイルに近い谷間まで煙の経路を追跡した。成長しきったカエデの根元に囲まれた、ジェファーソン・クリークの川岸近くで火は発生していた。カエデ

大火災の原因となる盗伐事件に加わったジャスティン・アンドリュー・ウィルケ
積まれたカエデの木のうえに立つ
（ワシントン西部地区の米国法廷代理人事務所提供）

はすぐに「出火元の木」と呼ばれることとなる。森林火災はそこから一三平方キロひろがった。

現場では、森の火は低く燃えていた。消防隊のベン・ディーンは地面を調査し、火は木の根元の空洞から起こったらしいと判断したが、何が原因で発火したのかははっきりわからなかった。その地区は特別に湿度が高く、林床はじめじめしていた。そこは何者かによって盗伐が準備されていた場所らしいとディーンは気づいた。このカエデに接近しやすいように、付近のベイマツは刈り込まれ、カエデの幹にはスプレーで目印がつけられていた。カエデの基部近くには、二缶のスズメバチ避けスプレーが置かれていた。さほど離れていないところに、ディーンは赤いガソリン缶と、昔ながらの伐採道具一式——チェーンソーのチェーン、ロック、ウェッジ、オイル——の入った迷彩柄のリュックサックを見つけた。

男性三人の消防チームが現場を点検しているあ

いだに、もうひとりの森林局職員、デイビッド・ジェイカスが救援に駆けつけた。ジェイカスはその場所の近くまで来たとき、ジャスティン・ウィルケという名で知っていた地元の男が白いシボレー・ブレイザーを運転しながら通り過ぎた。ちょうどその頃、火は勢いよく燃え上がり、カエデの幹を駆けのぼり、林冠をじりじりと焼き始めていた。消防隊は火の熱を感じ、消火のための正しい器具をもっていないことに気づいた。ディーンはチームがそれ以上そこにいることは危険だと感じたので、もてるかぎりの証拠——リュックサック、赤いガソリン缶など——を全員で集めてその場を去った。

ディーンはトレイルヘッドに停めた自分のトラックで一夜を明かした。彼は証拠品をジェイカスに渡し、火の燃えひろがりを車から監視するためそこに身を落ち着けた。ウィルケが出火元の木からおよそ一四〇メートルのキャンプ場にいることをジェイクは知っていた。そこでジェイクはその場所へいき、ウィルケが白いキャンパートレーラーのなかにいるのを見つけた。ウィルケはその地区でのカエデ盗伐を認めなかった。「チェーンソーさえもってないよ」と彼はいった。しかしその夜、ディーンが車中で眠っているトレイルヘッドへ白い車が疾走してきた。ディーンのトラック（緑と金色の森林局バッジがデザインされている）に近づくと徐行し、白い車は不気味にあたりを周回した。

森林局は「メープルファイア」という不名誉なネーミングをされるその火事を封じ込めることができなかった。それは三カ月以上も——その年の一一月まで——燃え続け、国有林と州有地を焼き、鎮火のため最終的には四〇〇万ドル（約五億八〇〇〇万円）の損失を出した。メープルファイアがやっと収まると、公園局は専門家に相談し、出火元の木の基部から炎が燃え始めたことを確かめた。専門家が強調するには、湿度のせいで燃焼促進剤が使用されていたらしく、火が燃えひろがったという。もっと調査を進めると、森林局はさらに三つのカエデ盗伐サイトをその地区に見つけた。証拠となる切り株が、小枝や葉屑で不器用に覆われていたのである。伐木の総価値は三万一八六〇ドル（約四二一万円）と推定された。

その月にジャスティン・ウィルケはこの地区でキャンプを張っていたのだが、森林局のレンジャーは彼がエルク・レイク・ロワー・トレイルヘッドから一五キロほどの土地にあるべつのトレイラーにもよく泊まっていることを知った。この一連の調査で、ジェイカスはその土地を訪れ、木屑や小さなカエデの木塊が野原のトレーラー近くに置かれているのを見つけた。捨てられた機材や器具や家具とともに積み上げられ、そこはちょうどクック・コンパウンドとそっくりな様相を呈していた。

その土地の所有者アラン・リチャートは、出火元の木の現場に落ちていたリュックサックが確かにウィルケのものであり、ウィルケがその夏、ショーン・ウィリアムズというもうひとりの男といっしょにその森でカエデを盗伐していたと証言した。ふたりの男は違法伐採の木材をリチャートの庭へ運び、木塊に切り刻んでいた（彼らはタムウォーター付近に、その木を喜んで買ってくれる一軒の製材所も見つけていた）。〔原注1〕

メープルファイア事件は木材違法伐採の出来事に情報提供者が裏付けを与えることができる典型例である。森林局のメープルファイアの調査過程で、ウィルケの周辺の多くの人々が彼を密告した。ひとりの友人が調査者にいうには、ウィルケは出火元の木に伐採目的で目をつけていたが、小枝の茂みにあったスズメバチの巣のおかげで伐採を思いとどまらされたとのことだった。

ここでウィルケは、身も蓋もないアイディアを思い付いた。「いまスズメバチを焼いたらどうなる？」。

翌日、ウィルケと他の三名が出火元の木にやってきて、幹にガソリンをかけ、火を放った。初め彼らは火の手をコントロールできると思っていた。しかし手のつけられないほど火が燃えひろがりだしたとき、彼らは近くの小川の水で満たしたゲータレードのボトルを使って、火を消し止めようとした。これで大火事が発生し、グループは散り散りとなり、ショーン・ウィリアムズはとうとう友人を置いて逃げた。そのひとりはのちに、ウィリアムズがスズメバチに手を刺されて愚痴っていたと証言した。

翌朝、あたりには煙が漂っていた。ウィルケはあわててチェーンソーを隠した。

森林局の職員は、引き続き調査を急いだ。タムウォーターの製材所オーナーは、ウィルケからカエデの木を五カ月間で少なくとも二二回は買ったことを記した購入台帳を職員たちに見せた。奥の部屋には天井の高さの半分ほどまで積み上げられた数百もの木塊の山があった。ウィルケはすべての取引のあいだ、その木材が私有地から採ったものだと示す許可状を見せていた。しかし森林局員たちが許可状に記された地所を訪ねてみると、カエデの切り株も、たった一本のカエデもなかった。

ただし、森で引き抜かれていた三本のカエデの切り株はすぐに履歴がわかった。ウィルケの事件は、大火事の発生だけでなく、その犯人を法廷へ導くために取られた斬新な手法によっても知られることとなる。ウィルケの事件は盗伐事件に樹木のＤＮＡを使った初めての裁判となったのだ。

第3部

林冠（キャノピー）

第17章 木材を追跡する

「奴らはいってた。それはまるで自由の女神から王冠を、ゲティスバーグの碑から礎石を盗むようなもんだと――」

――ダニー・ガルシア

遺伝学による盗伐材の同定

ワシントンの森林局員たちは、ウィルケのカエデ盗伐を立証するのに必要な証拠を握ったと知って裁判所へ赴いた。彼らは聞き込みを通じて強力な申し立てをすでに準備しており、元森林局調査員のアンヌ・ミンデンを法廷に立たせる計画だった。杢入り（長い木目がきわだって目を惹く模様）のカエデの高い需要を説明させるとともに、ウィルケの事件がその地域での多くの事件を模倣して用いた手口（使用器具、捏造した許可証、枝葉による切り株の迷彩）を明らかにするためである。

しかし彼らにとっての難題は、タムウォーター製材所から押収した木材と、メープルファイアの現場近くの切り株から採ったサンプルとが一致するのを証明することにあった。できる限り強力な申し立てをするために、彼らは押収した木材を森林局の遺伝学者で分子生物学者のリッチ・クロンに送った。クロンはコーバリスにあるオレゴン州立大学の研究所から出向している。

クロンの仕事は高木、低木、草本など、多様な種類の植物の遺伝子を同定することである。森林局での仕事では、森林管理を向上させる方法として、樹木の遺伝的特徴の長期にわたる季節的変化の研究に重点を置いた。しかし二〇一五年、クロンは森林局員からの一風変わった要請を受けるようになっていた。押収された木材のＤＮＡと、局員が発見した切り株のＤＮＡとを照合できるかというものだ。

森の切り株と木材とを照合する技術は確かに存在するとクロンは彼らにいった。しかしそれは費用が高い。とはいえ森林局員の揺るぎない関心を考慮して、クロンと研究所は、法執行の目的で木材のＤＮＡ分析をするラボを開設するため、ロビー活動をして資金調達に成功した。オレゴン州コーバリスにできた彼のラボは、科学的犯罪捜査活動の一部となり、同じくオレゴンにある*米国魚類野生生物局法医学研究所と共同で調査研究活動を始めた。

研究チームは、木材がもともとあった場所を確認するためのＤＮＡ分析をおこなった。分析をするにあたって、彼らは押収された木塊をおが屑になるまで切り刻み、次いでそれを溶液と混ぜ、木のＤＮＡを抽出した。そしてＤＮＡデータは、*一塩基多型（ＳＮＰ（スニップ））によるアプローチの基盤を形成する。ＳＮＰはＤＮＡ分子内で無数の*遺伝子マーカーの分類を生み出しており、これによって研究者たちが個々の樹木を同定できる。ＳＮＰは人間の犯罪現場の犯人にＤＮＡを適合させる犯罪捜査で用いられてきた。

それは植物マーカーの分類でより一層効果的であることが判明している。

目標は切り株との照合なしに生育場所を知ること

クロンはさまざまな生態学的分布範囲でDNAの分類を研究し、地理や気候に従ってどのように樹種のDNAが進化するかを地図分布で示すことに取り組んできた。目標は、押収された木材が最初はどこにあったかを決定する際に、法執行官と研究者が参考にできる地域規模のデータベースを確立することである。「われわれはバンクーバー島（のすべてのベイマツ）のデータベースが作りたいわけではなかった。裁判がおこなわれるのはオリンピック国有林だ」とクロンは説く。完成すると、データベースは森林局にとって、たとえ切り株が見つからなくとも盗伐木材（またはおが屑や木材チップといった証拠）が元来どこで育ったかを特定するうえで、価値ある資料となる。将来の研究者たちが所与のサンプルの森林の起源を八キロ圏内で特定するためにこのデータベースを使い、公共の土地から木材が盗伐されたかどうかをより簡単に確認できるようになるのが理想である。

このデータベースは、徐々にではあるが確実に拡大している。クロンのチームのメンバーは、ベイマツ、スパニッシュシダー、ナラの生育地域のコレクションを作ってきた。そしていまはベイスギやブラック・ウォルナットといった需要の高い他の木にも取り組んでいる。しかしフィールドワークは倦みやすく、時間がかかる。データベースの完成を急ぐため、ラボはアラスカ州、ブリティッシュ・コロンビア州、ワシントン州、オレゴン州の未開発林から採った樹木試料を集めるため、科学者のネットワークを募るアドベンチャー・サイエンティスツという組織と協働した。クロンはその後、各試料を分析し、データベースにはそれぞれに固有の特徴を追加した。

このアドベンチャー・サイエンティスト・グループ（「木材追跡チーム」と呼ばれていた）は、すでに科学的証拠の収集には精通していたため、太平洋岸北西部じゅうの木の幹の試料づくりに必要とされるツールを備えている。森では彼らは、幹からすこし心材を取り出し、広葉、針葉、あるいは林床から球果も拾い集める。試料とする木の小枝も同様である。

目標はこの地域の各樹種について、一つや二つのDNA試料を取ることではなく、むしろバイオーム（生物群系）全体から同一樹種の試料を無数に集めることである。これが一群のDNA試料を生み出し、ある樹木がその周囲の木々のDNAから判断してどこで育った可能性があるかを示すことができる。

「DNA配列は郵便番号やGPS座標で示されるもんじゃない」とクロンはいう。「しかし一キロから一〇キロまでのレベルの正確さは提供したいと思っているんだ」。

「法律があるのに拘束力がないとしたら」とクロンは続ける。「それは勧告にすぎない。私の望みは、製材所のオーナーや丸太を買う人々がこう自問し始めることなんだ。〝俺は牢屋へいきたいのか？ こんなもんでがんじがらめにされたいのか？〟」。

二〇二一年春、クロンは全国の森林局員にそれぞれの地区での盗伐について問う文書を送った。一七〇通の返事があり、薪の横領から柵に用いる杭を作るための盗伐まで、ありのままに詳細が述べられていた。あるオレゴン州の職員は、ベイヒバの盗伐者のじつに注意深い行動を説明した。すべての球果や小枝が取り去られ、小さなおが屑の山が「まるで誰かが林床に掃除機でもかけたよう」に残されていたという。クロンの想定では、西部州ではレッドシダーの盗伐がますます増えている。アラスカの場合にはベイヒバとシトカトウヒである。「楽器はわれわれが一番注目するところだ」と彼はいう。「楽器になるすべての木について盗伐調査ができたらいいのにと思う」。理想としては、トラックのフロアボードから掃き出したおが屑を検査できるところまで技術が進めばいい。

東部では、いま木材追跡チームがコネチカットからテキサスまでの三二州にまたがるブラック・ウォルナットのサンプリングをしている。東部のブラック・ウォルナットは川や小川のそばで育つため、その範囲はモザイク状になっている。「調子づいてるなんてもんじゃない」とクロンはブラック・ウォルナットの盗伐についていう。「押し寄せてくる感じだよ。新たなる魅惑の樹に」。

ウィルケの公判中、タムウォーターのカエデの木塊から採ったDNA試料は、森のなかの三本のカエデの切り株のものと一致した。それでもウィルケは伐木の罪を一向に認めなかった。認めたのは山火事を発生させた責任だけである。

タコマ裁判所で証言をした後、クロンは車でオレゴンまで引き返しながら、公判の残りをブルートゥース・スピーカーで聴いていた。ウィルケの弁護士がクロンの名前を出すのが聞こえる。クロンによる樹木のDNAの証拠は強力ですと彼女は認めたが、しかしウィルケがマッチを擦って山火事を発生させた件については認めなかった。

クロンはハイウェイの路肩に車を停めて音に聴き入った。「彼女は〝これについてクロン博士はどう考えるんでしょうか〟[原注1]といってたよ」と彼は振り返る。「私は思ったね。その弁に私がどうやって答弁を送れるというんだ。呆れ果ててるよ」。

ウィルケ事件は盗伐事件でDNAを用いることの先例を作った。チーフレンジャーのスティーブン・

トロイは、ＲＮＳＰの事務所で新たに利用可能な捜査方法を模索しながら思った。もしデリック・ヒューズの件で押収されたすべての木々が送られてくれれば、そのうちのいくらかをクロンの研究室へそのまま送り、解析してもらえるだろう。枝分かれするＤＮＡプロファイリングが、他の盗伐者を特定することはないかも知れないとクロンは認める。しかし製造業者や製材所に警告を送ることにはなると期待する。「フェンダー社は系列の製材所経営者たちが許可状を申請していると聞いて、彼らがきちんとやっていることを綿密に調べ上げたつもりでいるだろう。しかし（タムウォーターでは）盗伐木材をもっていた。許可状は偽物だったんだ。彼らはその木からギターを五本、たやすく作れたと思う」。

第18章 「それはヴィジョンの探究なんだ」

「ショップのオーナー全員が俺から木材を買ってるとしても、何ら問題はない」
——ダニー・ガルシア

盗伐木材のデータベース

アメリカとカナダにおける盗伐木材のデータベースについてクロンの研究所が作業を進めているあいだ、北米大陸での違法木材取引は他所の違法伐採が増えたことによって勢いが弱まった。合衆国は世界の森林の八パーセントを有するのみだが、ロシア、カナダ、ブラジルに次いで四番目に多くの国際木材保有量がある。

それはブラジル、ペルー、インドネシア、台湾、マダガスカルといった国や地域から合衆国に入って来る盗伐木材が大部分で、ローズウッド、エボニー（黒檀）、ブラジリアン・ローズウッド、バルサ、アガーウッドから製造された商品としてやってくる。世界銀行やインターポールなどの組織の推計[*]によれば、違法伐採の世界的規模は年間五一〇億〜一五七〇億ドル（約六兆九五〇〇億〜二一兆四三〇〇億円）である。世界の木材取引の三〇パーセントは違法であり、現在伐採されているアマゾン川流域の木材の八〇パーセントは盗伐材である（カンボジアでは盗伐の割合は九〇パーセントとさらに高い）。

生産地がどこであれ、違法木材が売られる先は中国が多い。そこから小売業者へ輸送され、家具、紙製品（食品包装やナプキンも含む）、建設資材、楽器といったかたちで世界に流通する。捜査員たちはホームデポで売られる床材や、ＩＫＥＡで売られる椅子にも盗伐木材を追跡してきた。

盗伐された木材が、大規模な犯罪ネットワークの資金調達手段のごく一部にすぎない場合もある。テロリストのネットワークであるアル・シャバブは、線路の枕木や、ソマリアで盗伐された木でできた木炭によく通じており、材木や木製製品をその資金の流れに組み込んでいる。調査によれば、こうした木炭が湾岸諸国に輸送され、水たばこで使われる。他の調査で、ベルギーでバーベキュー用に使われる木炭はアフリカのバオバブの木から作られることがわかっている。オーストラリアでは、組織犯罪「ファイアウッド・リングズ」がタスマニアの盗伐木材で毎年一〇〇万ドル（約一億三二〇〇万円）を叩きだす。ミャンマーでは、アラウンドー・カタパ国立公園の盗伐木材が軍事政権の資金源となった。

政府が伐採業を統治するための法律が存在する国においてすら、盗伐は無視されるか見過ごされることが多い。専門家がいうにはほとんどの場合、違法木材の取引から手を引きにくくしている共犯の要素があり、立ち往生するほど入り組んでいるため、ずるずるとはまりやすい。このようなしがらみには、森林の奥深い立ち木群に立ち入りやすくする社会基盤整備のプロジェクトも含まれている。つまり、広域の森林減少を防ぐ政治的意志の不在、書類の捏造、盗伐地域の木でできた低価格製品へのやまない消費者ニーズなどである。「もし薬物を扱うかゾウを殺すなら、捕まるリスクはつねにあるが」と元国連環境計画のシニアオフィサー、クリスチャン・ネルマンは説く。「盗伐材を扱っても誰ひとり咎めやしない」。

植物学者で作家のダイアナ・ベレスフォード・クルーガーも同じ考えだ。「樹木や森は今日よりも二〇〇〇年前のケルト民族の世界の方が、法によって守られていました」。

サケに扮装してイール川を下る熱血漢グロス

絶滅の危機にある樹種を保護するための取り組みのいくつかは、カスケード・シスキュー山脈のふもとの谷間におさまった、何の変哲もない平屋の建物でおこなわれている。ここ米国魚類野生生物局法医学研究所は、大陸規模の広さに及ぶサプライチェーンを通じて起こる環境犯罪の解決に取り組んでいる。オレゴン州アシュランドにあるこの研究所は、主にテリー・グロスという人物の尽力によって一九八六年に開設された。三〇年間魚類野生生物局の職員であるグロスは、野生生物の法執行の分野では伝説的人物だった。何しろハンボルト郡のイール川をサーモンに扮装して下ったという人物である。

一九七四年晩夏のある夜、イール川で夜間に違法な漁獲をおこなう密漁者たちを捕獲しようと、グロスは黒いタイトスキンのウェットスーツを着た。彼は身長が一八〇センチ以上あり、きれいに髭を剃った柔和な顔をしているため、いかついアウトドアタイプの男よりは郊外の紳士を思わせた。魚類模倣は大胆な行為だったと、グロスはコロラド州の自宅にある彼のキッチンで半世紀前の話をしてくれた。[原注1]

「しかし当時北カリフォルニアには、いまじゃ信じてもらえそうもないほどサーモンがいたんだよ。コップで水をすくって飲むときもよくよく注意しないと、その水のなかにだってサーモンはいたもんだ」。

イール川で密漁をすることは、刺し網を使えば楽だったし、なんなら浅瀬にライフルが撃ち込まれることもあったが、日没三〇分前にはそうした活動をやめるように法律で定められていた。密漁者たちはその制限時刻をとうに過ぎても、二七キロは超えようかというサーモンを川岸から色鮮やかなルアーで仕留めるのがつねだった。その習慣はサーモンが自分の産卵場にたどり着けなくなることを意味していたので、最終的には漁獲量が減っていくことになった。しかし密漁をやめさせることは密漁監視員たちにとって、幹線道路に見張りを立たせても難儀することだった。四〇年後のレッドウッドの違法伐採戦略を予兆していたような出来事である。

シングリー・ホールと呼ばれる場所——太平洋から魚が川に入り、さかのぼってから溜まるところ——まで車を走らせたあと、グロスはウェットスーツを着込み、ポケットに逮捕状を押し込んで、岩のうえで仰向けに横たわると、あとは水が自分の身体を運んでくれるのにまかせた。あたりは真っ暗で、彼には身体のまわりの川の轟音が聞こえ、真上にある森の翳った林冠を透けて星が見えた。「音を立てないようにしていたんだ」とグロスは回想する。「すると宙を舞うルアーが見えた」。グロスはルアーを手で止めて、釣り針をウェットスーツの奥に引っかけた。そうして静かに岸へとリールに引かれていった。岸に着くと、やおら飛び上がり、彼は密漁者たちを逮捕状であわてふためかせるのだった。

グロスはレッドウッドの森での仕事人生のほとんどをこんなふうにして過ごすこととなる。自然保護のためなら喜んで滅茶苦茶をやる野生動物担当官をもって任じていた。彼は魚類野生生物局で急速に昇格したあと、最終的に法執行のポストについたのである。

自分をさほどアウトドア人間とは思っていなかった、とグロスは告白する。しかし犯罪を防止するには、喜んで人類の限界点を超えることをやった。「狩猟・漁猟担当官として私が就いていたポジションは、ただの仕事じゃないんだよ」と彼はいう。「それはヴィジョンの探求なんだ」。

レイシー法の改正以来、急激に高まった木材科学調査ニーズ

野生生物の取引に対する魚類野生生物局の闘いは一九〇〇年にさかのぼる。レイシー法——食糧備蓄を守る手段として、特定野生生物の輸送を禁じる法律——が制定された年である。その後まもなく、法制度だけでは押し寄せる環境犯罪の波を全面的に食い止めることはできないことが明らかとなった。事実、このような禁令は世の中の商業ネットワークが国際化するにつれて、どんどん複雑化してきたものだ。一九五〇年代までには大量の動物が違法に狩猟され、また一九六〇年代までの例では、世界中で約八五パーセントのワニが革製品市場向けになぶり殺されていた。

一九七三年、合衆国はワシントンでの大規模な国際会議のホスト国を務めた。絶滅の恐れのある野生動植物種の国際取引に関する条約（舌がもつれそうな人にはＣＩＴＥＳ）の締結に至る会議である。ＣＩＴＥＳ——および同年に制定された絶滅危惧種法——は世界中の森林にすむ人々はもちろんのこと、魚類野生生物局職員や森林局員の生活も一変させることとなる。

彼らの仕事はいまやグローバル化し、米国魚類野生生物局（ＵＳＦＷＳ）監視員は自分たちの仕事がめまぐるしくなるのがわかった。もはや地元でトラックの荷台に隠された密猟・密漁のシカや魚を追う

だけではなく、米国国境を出入りする大規模な国際貿易を訴追することに局が参画させられていた。グロスは彼らの接点となり、最終的には一九七六年、ワシントンDCにあるUSFWS本部で絶滅危惧種担当官の任務に就いた。

「正直いうと、ワシントンは嫌だったよ」とグロスは私に語った。彼のキャリアは、みずから「遍歴」と呼ぶものとともにあった。法執行と環境が重なり合うポイントまでの長い旅である。「長く続けば続くほど、そいつはこんがらがっていった」と彼は思い返す。「輸入業者たちは、違法な物を国内へもち込む多くの方法や枠組みを見つけようとしていた」。グロスはつねに進化していく犯行の思い付きや手口に追いつこうと奔走した。

二〇〇八年、レイシー法は拡大され、違法に収穫された植物や材木が含まれるようになった。野生生物担当官は地域の森林で発生する犯罪を訴追することには慣れているが――また地域の植物相や動物相を同定することに熟達しているが――、それを（たとえば多様なランの種類を）識別する複雑さには慣れていない。またどの樹種がコンテナに積み込まれた羽目板や屋根板へと加工されているのかを識別することにも慣れていない。こうした植物や動物の体は、犯罪学の見地からすれば、局がこれまでに遭遇してきたなかでも最大の課題を示していた。国際取引のきわめて詳細な部分、生物学の知識、そして犯罪捜査を網羅するためには、いきおい幅広いスケールの科学的調査が必要になった。倉庫は押収された盗品であふれ返り、誰もそれを処理するための手がかりをもっていなかった。

一方、グロスは職員を現場訓練する方法を策定するため、ケン・ゴダードという名の元犯罪現場調査官を雇った。ゴダードは当初、野生生物の犯罪捜査センターというものを単純に「ウサギとグッピーのいる実験室」のようなものだろうと想像し、グロスが自分を雇ったのは何より文章スキルのためだろうと考えていた。もしゴダードが木材の出てくるサスペンス小説シリーズを書くことができれば――そして実際書いていたが――、彼は経験の浅い役人たちのために犯罪現場捜査マニュアルをまとめる仕事の適任者となる。しかしほどなく彼の職務は、マニュアル執筆よりもはるかに広範なものとなっていく。

ゴダードが雇われたのと同じ頃、トム・ライリーという名の魚類野生生物局員がポートランドで狩猟用ハヤブサ売買についてのプレゼンをおこなっていた。サウジアラビアの空港で木箱一杯のハヤブサが押収されたことがあるが、ハヤブサを輸出したことでアメリカ国内の誰かに責任を問うことは、いまもまったくもって困難だと彼は語気を強めた。ハヤブサがどこから来たものなのかを示す直接証拠がないのである。

ライリーが話すあいだ、ラルフ・ウェヒンガーは聴衆にまじって注意深く聴いていた。彼の家族はアシュランドに長年住んでいたため、先祖から伝わる町の伝統を家族たちは身につけていた。ウェヒンガーは彼の家系で三七人目の脊柱指圧師であり、伐採業者や漁師たちがそうするように、先祖のうしろ姿を見て仕事を覚えた。一種のアマチュア野生生物擁護者として精力的に働き、最終的にはバード・サンクチュアリと鳥類回復センターを設立した。

ライリーのプレゼンのあと、ウェヒンガーは手を挙げた。「見つけた鳥が密猟されたものかどうかを特定するには、ＤＮＡを使わないいんですか?」。

「まだラボがないのです」とライリーは答えた。

ウェヒンガーはそこを変える策を出した。彼はアシュランドを出てすぐのところにある完璧なたたずまいの峡谷のことを聞き及んでいた。彼は野生生物局法医学研究所のための資金拠出を認めさせるために州議会上院議員にロビー活動をおこない、またその資金を工面するため全米オーデュボン協会の会長とともに動いた。最終的に、研究所建設のために要求された一〇〇〇万ドル（約一三億円）は議会でゴーサインが下り、無関係な拠出議案にも埋め込んで迅速に通された。

国際的な野生生物取引のひろがりを知っていながら、ゴダードは初め、密猟されたオジロジカの事件を森のなかの静かな峡谷でひっそりと捜査するのがラボの仕事だと思っていた。しかしそんな場合ではないことがすぐにわかった。ゴダードは国境警備隊が押収して研究所に送って来る輸入木材の鑑定をおこなうため、木材化学の第一人者であるエド・エスピノーザを就任させた。「（盗伐を）まず調べ始めたとき、われわれは度肝を抜かれた」とゴダードはいう。「皆伐される森林全体について、そしてコンテナに木材を詰め込んで運ぶ船について、われわれは外国の担当官たちから話を聞き始めた。その時点では板になるまで製材されているかどうか特定できなかった。だからそれについては、何かヒントをつかむ必要があった」。

法医学研究所で木片を集める

現在、法医学研究所は、ゴダードとそのチームが「スタンダード」（闇市場で最近取引された植物や動物の試料）で満杯にしようと取り組んでいる広々とした倉庫をもっている。これから入って来る押収品をその試料と照らし合わせるのである。魚類野生生物局法医学研究所は、ワシントン条約で絶滅危惧種としてリストアップされている生物種を同定できる世界唯一の機関であり、継続的に絶滅危惧種リストへの追加をおこなっている（ワシントン条約は木材をゾウやサイの密猟にも劣らぬ決定的な違法市場ととらえている）。

法医学研究所に到着する盗伐材は、主にアフリカ、南米、アジア、そして東ヨーロッパから来る。たとえばマダガスカル島のレッドウッドは、世界で最も行き来の激しい木材である。「血を流す木」とも呼ばれるレッドウッドは、深紅の心材が特徴で、ギターその他の弦楽器の特色ある表面を形成する。この樹種はワシントン条約にとって――ということはオレゴンの研究所にとっても――主要な対象となっている。二〇一二年、ギターのギブソン社は盗伐されたローズウッドやエボニーでギターのフィンガーボードを製造したことにより、三〇万ドルの罰金を科せられた。そうした象徴的な楽器の一部となっていたローズウッドの試料は、最終的にはアシュランドへ回され、エド・エスピノーザと彼のチームの研究者たちによって分析された。同様にアガーウッドも、ウッドチップや線香といったかたちで研究所によく届く。アガーウッドの暗色をしたよく香る樹脂は、香料製品の麝香(じゃこう)や大地の香りを放ち、需要が高いので一キロに一〇万ドル（約一三二〇万円）の値がつくほどである。

研究所の入り組んだ配置の部屋には、ギター、稀少なバイオリンの糸巻き、時計の文字盤といった、濃やかに磨かれた機材のサンプルが積み込まれている。木材のほとんどは米国税関や国境警備、森林局、魚類野生生物局といった政府機関の職員によって研究所に輸送されたものである。そしてＦＳＣ（森林管理協議会）のような木材認証団体が森林管理認証の書類を求めているが、こうした書類は無視されるか、捏造されることが多い。マホガニー、セイヨウヒノキ、チーク、ブナといった樹種である。すべて盗伐され、住宅建材へと製材され、北米へ輸送され、そこでもし運が良ければ、魚類野生生物局法医学研究所がその市場流通を食い止める。

危ぶまれているすべての樹種の研究用スタンダードを押収するための果敢な追究は、スウェーデンの分類学者で一八世紀後半に自然界を分類し始めたカール・フォン・リンネの業績に従うこととなる。科学の世界では詩人の名を賜ることの多いリンネは、自然の美しさの理由を見つけたいと思った。彼はさまざまな種の関係を一種の芸術と見なし、複雑かつ色彩豊かな植物画に取り組んだ。そうした絵はイングランドや北欧において学識者たちのあいだで取引されてきた。リンネはわれわれのこの世界で、さまざまな種がどうつながっているかを示し、動植物の美と人間の美をどうにかして結びつけたいと考えていた。

リンネは階級を通じてそのつながりを見いだし、現在われわれが二分法と呼ぶものを系統化した。これは科学界では植物や動物の種や亜種のつながり、そしてヒエラルキーを決定するのに用いられている。リンネは発音すら難しいラテン名による野心的な命名法を創りだし、みずからの大著『自然の体系』のなかでリスト化したのである。『自然の体系』はきわめて美しい印刷本で、華麗な筆記体によるラベルと手描きの挿絵を使い、数千種もの植物の生物学的構造を体系化していた。ダニー・ガルシアが密採したレッドウッドのバールは、同書では「セコイア・センペルヴィレンス」と分類されている。さらに植物の階層におけるその位置づけは、Plantae という界、Coniferophyta という門、Pinales という目、そして Sequoia という属に分類される。

リンネは、博物学に関心があり世界中から稀少な植物を収集している若い冒険家や商人に協力を求め、そうした稀少植物を自分の研究所へ送ってもらった。彼らのやり方は、倫理に適った慣習とはとてもいえなかった。収集家たちはしばしば地域コミュニティから植物を盗み、それを木箱に詰めてヨーロッパへと船で密輸したのである。確かだったのは、こうした植物をヨーロッパにおける知の枠組みのなかで、階層に従って分類しなければならなかったこと、またそれらの生態学的・文化的な意味合い（地球そのものに対する役割）よりも、より広い体系における役割が重視されたことだった。

そうした『自然の体系』[*]の全巻が、いまではわれわれの環境を守る闘いにおけるツールとして役立っている。魚類野生生物局の研究室は、ヘビの革、カメの肉の箱詰め、そして精緻で色の目立つエキゾチックな鳥類がどこから発生したのかについて、反論の余地もない証明をすることを目指している。局はまた、こうした疑いようのない証明を新しいコレクションに適用することも率先しておこなっている。世界におけるすべての絶滅危惧樹木の化学データベースづくりである。

化合物の同定で九〇〇種の樹木の化学データベースづくり

エスピノーザは樹木の属を同定する画期的な方法を開発してきた。「最近までは」と上司のゴダードは説明する。「世界の誰だって科（属や種よりも上位の分類）までいくのがせいぜいだったが、エドのは圧倒されるような発見だ。彼はDART[*]（リアルタイム直接質量分析）の機材を用いて木のなかの油分を見る手法を思い付いたんだ。それで彼は死にそうな目にも遭ったんだが」。

エスピノーザと彼のチームは、質量分析法の技術を用いて化合物を同定する。彼らは樹皮や樹木のなかに見いだされる油分を気体に変えることでそれをおこない、その後それをDARTとして知られる、オフィスのコピー機ぐらいのサイズの機器に入れる。

細い木片を質量分析計 DART にかける USFWS 法医学研究所のエド・エスピノーザ率いる木材追跡チームの化学者
(リンジー・ブルゴン撮影)

ピンセットを巧みに使って、ひとりの技師が細い木片——ウッドチップまたは削った樹皮——をつまみ上げ、機械のうえの接合点に載せる。そこではふたつの銀色の円錐が、最も狭い尖端部分で向き合っている。それら先端部分のあいだに固定され、木の分析試料は摂氏四五〇度まで熱される。木片の端が燻り、蒸気を上げるのが見られる。

その蒸気はその後、機械に吸収されて分子が分析される。最後にＤＡＲＴから接続されたコンピュータへと、分析結果の化合物データが送られる。データはコンピュータで処理され、個々の種類の樹木に固有の、指紋に似たような模様を結ぶベクトルをもとにマッピングされる。

あるとき、エスピノーザがローズウッドの木片をＤＡＲＴの機械にかけていると、彼はめまいを感じ、視野狭窄におちいった。彼は手から木を落としてよろめいた。ローズウッドは天然殺虫成分を含んでいるが、その気体が機械から漏れ出していたのだ。「要するに脳が一時閉鎖したんだ」とゴダードはいう。

研究所を訪ねた日、私はテーブルのうえにチェスのセットを見つけた。チェスの駒は収められていた木箱といっしょに、削られて機械に入れられるところである。近くの壁には流行りの外観をした木製時計が掛かっている。つい最近までインスタグラムでマーケティング商品だったものだ。その時計は国境で押収され、違法木材でできていることが判明していた。

エスピノーザは、世界中の野生生物国際取引に関する専門研究者たちに自分の研究をプレゼンテーションした。レンジャーや税関職員から自然保護の専門家にいたるまで、反応は一致していた。この技術は革新的だというものだ。研究所の作業は現在、世界で最も大がかりな植物収集のいくつかと並行しておこなわれている。微細な木片を十分にＤＡＲＴを通すことによって、エスピノーザと彼らのチームを

米国魚類野生生物局（USFWS）法医学研究所の木材データベースに追加される
ザイラリア・コレクションからの木材サンプル
（リンジー・ブルゴン撮影）

合わせた三名の研究者は、ワシントン条約にリストアップされている世界の樹木（最新のカウントでは九〇〇種）についての標準的なベクトル画像を作りたいと思っている。そもそも彼らは、伝統的な樹木の分類データをデジタルフォーマットに適合させて来ているのである。

―――

魚類野生生物局法医学研究所の試料ストックに入ってくる木材試料の多くは、ザイラリア――かつて世界最大の植物園とアーカイブコレクションで維持されていた樹木ライブラリー――を出所としている。ザイラリアはいまではめったに見られず、保管室の奥で手つかずのまま埃をかぶっている。しかしいまオレゴンで開発されている盗伐防止用データベースの基礎として役立つことにより、木材窃盗に関連する犯罪事例においては特別に有効であることが証明されてきた。

ある秋の日、犯罪調査官のケイディ・ランカスターはアシュランドにまばらに集まった研究所の一室に私を案内した。書類整理棚が壁に沿って並んでいた。ランカスターがそのひとつをスライドさせて開くと、引き出しには折った白い紙で小さく背綴じをしたフォルダーが詰まっていて、なかには縦に裂いた木の切れ端が入っていた。

数年前に、ランカスター――当時、森林局の職員は国際的な盗伐木材取引の追及に注力していた――は世界中を飛び回っていた。かと思えば、古色蒼然たる研究室や手厚く保護された古文書に挑んで、多くが数百年前に収集された山のような木材試料から破片を削り取る仕事を任されたりしていた。ランカスターはその任務で世界各地に赴き、科学の古文書学者や歴史家を紹介され、熱帯やヨーロッパの樹木標本の場所を特定してコーバリス・コレクションを肉付けするのを手伝ってもらった。「私たちはたくさんの閲覧用標本を、一九〇三年のワールドフェアといったオリジナルの情報源から入手しています」。

ケイディ・ランカスターは、本の大きさに切られた厚板の標本をワシントンにあるスミソニアン研究所の奥の部屋で手にした。彼女はイングランドのテムズ川に沿ったリッチモンドのキュー王立植物園から、縦長の木切れの入った細く白い封筒ももち帰った。いま、それらの試料や他の数えきれない試料はオレゴンに回され、その秘密がＤＡＲＴに着々と読み込まれている。

第19章 ペルーからヒューストンへ

「人々が土地を手に入れようと押し寄せてくる」
——ルヒエル・アギーレ

北米と密接につながる南米アマゾンの盗伐材

二〇一五年、アマゾン川の湾曲部に沿ったペルーの都市イキトス付近で、輸送品の盗伐木材が貨物船ヤク・カルパ号に載せられて船出を待っていた。船はアマゾン川を下り、大西洋に向かってひろがる河口へ出たあと、海を北上してメキシコのタンピコへ、そして最後はヒューストンの船着き場に着く。貨物船の船倉に積み込まれていたのはアマゾンからの木材で、行き先はアメリカの工場だった。木はそこで床材や羽目板やドア板になるのである。

ヤク・カルパ号のような船の乗組員が目指すのは、面倒な事態を避けて定刻どおりに旅を終えることだ。この段階では、彼らはできるだけ人目につかないことを望んでいた。船の積み荷はペルーのロレト県で盗伐されたものであり、木材が正規品らしいことを書類が示していたものの、木の出所は偽りだったからだ。

船が東へ蒸気を吐きながら海を目指すあいだ、書類の示す木材調達先の森林を調べる役目のある職員たちは、GPSモニターを手にして木材に埋もれ、座標をチェックしていた。その木が正しく出所を特定されていないと――つまり盗伐されたらしいと――わかるまでには、貨物船は米国の海岸を目指す航路上にある。

環境調査エージェンシー（グリーンピースの調査を受けもつ分派組織）（ＥＩＡ）によれば、ヤク・カルパ号に積み荷を載せた材木商たちは、国立公園や先住民の土地に根づいていた木を伐採していた。ＥＩＡの調査員は、細心で、徹底していて、なおかつ失敗しないことで知られている。国際取引の規模の大きさを考慮すれば、違法木材の押収は密輸品が市場に運よくたどり着くまえに税関でおこなわなければならない。しかしこれは大型コンテナの内部で樹種の特定を試みる職員たちにとっては難業となりかねない。盗伐材が合法的に入手された木材のあいだに隠れていることは珍しくないのだ。またどんな税関職員も、一隻の貨物船内に数百枚とある板を調べる余裕はなかなかない。そこで職員たちは、どこから、そしてどんな船の上で、何を見つけ出すべきかを知るための優良な情報に頼ることとなる。ＥＩＡはその機密情報を提供し、木材はしばしばエド・エスピノーザの研究室にたどり着く。

ＥＩＡは盗伐事件を組織犯罪の最高レベルとして調査してきた。合衆国連邦議会議事堂には、内部に設置するために作られた一連の新しい――そしておそらく対テロリスト用の――マホガニー製のドアがある。ＥＩＡはこれが、ユネスコの世界遺産サイトでのマホガニー盗伐の疑いをかけられているホンジュラスの一企業に注文したものであることを立証したことがある。そのドアの発注は即座にキャンセルされた。

ＥＩＡは、近年の最も重要ないくつかの国際盗伐関連事件の調査で主導的な役割を果たしている。二〇一三年、ロシアの絶滅危惧種であるシベリアンタイガーのロシア国内生息地から盗伐された木材でできた硬材フローリングについて、米国に本社のあるランバー・リキデイターズという会社が自社で購入したと認識していたことを、ＥＩＡの捜査官が立証した。ＥＩＡのチームはこのようにインターポールや国際的な法執行機関と同様、国際木材取引を明るみに出すためにアメリカからルーマニアの森林まで、世界中で仕事をしている。このグループの調査では、ローズウッドの場合は五四万トン――六〇〇万本相当――が二〇一二年から違法に取引されていることがわかっている。ペルーからの輸入木材に関する二〇一五年の調査では、九〇パーセントが違法に伐採されたものであることがわかった。

ヤク・カルパ号の事件で、ＥＩＡは貨物船の書類に申告された伐採地を検証するためにペルーの熱帯雨林を奥深く踏査する調査員を派遣した。五日間の渾身の踏査のあと、調査員たちはその伐採地へ到達し、まだ完全に林地であることを発見した。ラスベガスのグローバル・プライウッド&ランバー社へ輸送するため貨物船に載せられていた木材は、どこかほかの場所――伐ってはならない場所――から来たものだった。

ヤク・カルパ号は船籍を示す旗をアメリカ上陸前に何度も激しく動かしたが、国境警備隊はその船が違法伐採された木材を積み、輸送しているはずだとの警告を受けていた。ヤク・カルパ号がヒューストンに入港したとき、国境警備隊は包囲態勢で待機していた。

彼らは押収した木材が実際に盗伐されたものであることを確認する方法が必要だとわかっていた。だからオレゴンにいるエド・エスピノーザと彼のチームに依頼したのである。

ペルー・アマゾンの違法伐採現場へ

空から見るアマゾンは、緑の毛羽織カーペットだ。滑走路に降りて熱気が押し寄せるまでは、林冠のてっぺんだけが見える。ペルー南東部の都市でマドレ・デ・ディオス県*の経済的中継地であるプエルト・マルドナード。その周縁部には、多くの中小製材所が営まれている。丸太と材木の山が道路に並び、空港から市街までの車での走行は騒音と暑熱に満ち、チェーンソーの音や細くたなびく煙にたびたび出会う。

ペルーとブラジルの国境沿いでの喧噪に満ちた木材取引は、この街を経由する。マドレ・デ・ディオスはボリビアとブラジルに接し、大洋間横断道路がアマゾン川沿いの長い幹線道路と交差してここペルーに入る。大面積の森林伐採がハイウェイ建設を可能にした。同時にそれは今日、世界で最も裕福な土地から人々や商品を流入させている。

プエルト・マルドナードの南東を一時間ほど車でいくと、砂利道にせり出した満艦飾のペナントでインフィエルノの街が来訪者を迎える。インフィエルノ（地獄）という名がついたのは、あたりの熱帯林の暑熱でむせ返っているからではなく、キリスト教伝道による接触でインフルエンザのパンデミックが地域社会を席捲したためだ。「彼らは高熱にうなされたものだから、川に飛び込んだんだ」とインフィエルノ地域の長であるルヒエル・アギーレは、町議会の会議室で私に説く。しかし冷たい川の水を急に浴びると、多くの人がショック死した。事実あまりに多いので、伝道師たちは川に浮かぶ溺死体にちなんでその街をインフィエルノと名づけた。「伝道師はいったよ。〝何とも、ここはさながら地獄だ〟」。

ペルーの土地はコンセッション制で管理されている。森林局や国立公園局その他の米国における自然保護機関と同様、ペルーの各種のコンセッションは、それぞれ異なる目的を追求している。エコツーリズム、林業、自然保護などである。自然保護とエコツーリズムのコンセッションの多くは、先住民が管理する伝統的な土地として彼らに返還された。インフィエルノはリオ・タンボパタ国立保護区より南にある伝統的なエセエハ族居住地の自然保護コンセッション六〇平方キロ弱を管理している。リオ・タンボパタは、社会支援・教育・退職・健康費用のために連邦政府が支給する年間六万ペルーソル（約二〇〇万円相当）を受け、インフィエルノが部分的に資金を出している。

その年の四月に自然保護コンセッションを訪れるため、ジャーナリストのミルトン・ロペス・タラボチア、アギーレ、ガイド三名、それに私を含む一行は、霧深い鉛色の朝にリオ・タンボパタから川下へとグラスファイバーボートを操船した。一時間ほどで川の旅は終わり、森歩きへと切り替わる。途中で森林監視員の山小屋を過ぎ、もう一隻の船に乗り込み、湖を渡る。川岸の山小屋は、巡回する監視員たちを宿泊させるために建てられていた。草ぶき屋根と、デッキチェアやプロパンガスボンベの積み上げられた広い中庭が特徴的なその小屋（と周辺区域の同様の建物）は、森林保護の一角を担う。インフィエルノの自然保護地では、盗伐者たちの攻撃目標となっていた。二〇一七年から二〇一八年まで、このコンセッションのうち最も樹高の高い木々のいくつかが盗伐された。伐り倒され、現地で合板や厚板に製材され、都市の市場へ輸送されるのである。

トレス・チンバダス湖をゆっくり渡っていると、クロコダイルやカワウソ、またイメージできるうちでも最も色鮮やかな鳥が見える。私たちが速度を落としながら湖岸とまばゆい緑の茂る草やぶに向きを変えると、赤銅色のきらめきが葉のあいだに映える。船の操舵者が着岸するとき、赤銅色を放つものは形がはっきりしてくる。製材された木の大きな山が岸で待機しているのだ。プエルト・マルドナードの市場へ輸送するためにアクセスしやすいその場所に置かれていたのだった。「すべての機材をもってしても」とアギーレは材木を指し示しながらいう。「盗伐者は木を隠しきれない。ここが捜査の振り出しだ」。

線路の枕木に使われる硬材も標的に

私たちは船のタラップのように木の山を踏んでそこを移動する。そしてジャングルに入り、厚みのある根や、頭上に聳える木からの落ち葉で覆われた狭い小道を一〇キロほど歩く。その小道に沿った盗伐を見落とすことは、まずあり得ない。小道そのものは森の外につけられていた。インフィエルノの町や森林監視員によってではなく、輸送地点まで木材を運ぶためにその道を使う盗伐者たちによって、ということになる。

コンセッションの土地には、トロピカルシダー、マホガニー、そしてエストラークとして知られる硬材が生えている。しかし狙われる木の大部分はアイアンウッド*で、これは寄木細工の床を作るのに欠かせないものとなっている。長さ三〇センチのアイアンウッドは三ソル（約一〇〇円）で売却され、木全

トレス・チンバダス湖（ペルー）の湖岸で輸送の準備ができていた盗伐材
(リンジー・ブルゴン撮影)

インフィエルノ（ペルー）の自然保護コンセッションにある4カ所のシワワコ盗伐現場のひとつ
(リンジー・ブルゴン撮影)

体なら約三〇〇〇ソル（約一〇万円）になる。この木はアジアへ輸出されてから製品になることが多く、その後ヨーロッパや北米へもたらされる。しかしペルーで自生地の森に生え続けていれば、アイアンウッドは植物相や動物相に富み、枝はコンゴウインコやアマゾン最大の猛禽類の一種であるオウギワシの巣作りの場となるのだ。私たちが訪れたすべての盗伐現場ではシワワコが狙われていた。これはアイアンウッドの一種で、アマゾン地域最大の樹高をもつ木である。二〇一八年、シワワコ盗伐がこのまま進めば一〇年以内にその本数が激減するだろうと専門家は予告した。その年だけで四万立方メートルのシワワコが違法に伐採されていた。コンセッションには二〇一五年に五二本のシワワコがあったが、二〇一八年には立ち木がわずか四一本になっていた。

シワワコの立ち木を通り過ぎながら、私たちはできるだけ頭を後ろに倒したが、それでも樹冠は見えなかった。ほとんどのシワワコ種は樹齢一〇〇〇年で高さのピークに達する。この木はマホガニーとは違い、硬材として値がつけられ、またインフィエルノのエセエハ族にとっての伝統的な薬や食べ物となる。それはエセエハの先祖がかつて暮らした景観の中心的な樹種でもあり、目的地から目的地までのあいだの休憩地でもある。シワワコは南米の盗伐者たちにとって徐々にお気に入りの木のひとつになった。私たちがジャングルの道を通過する途中、アギーレは数える。「一、二、三、四――ほら、四本もアイアンウッドが倒れてる」。

私たちが出くわした最初の盗伐現場は、小枝に覆い隠されていた。乾燥した茶色の葉が、かつてシワワコの幹が聳え立っていた切り株のうえにかぶせられている。切り株のまえでは伐採跡地が草を刈られ、そこは周囲から浮きあがった場所になっていた。樹木は小さなモーターつきのカートで道路を運べるよ

枯れたヤシの葉に覆われた盗伐シワワコの切り株
(リンジー・ブルゴン撮影)

エル・ナランハル（ペルー）のコムニダードを監視する森林監視員
(リンジー・ブルゴン撮影)

うに、ここで荷造りされるのだ。

コンセッションをさらに深く進むと、私たちはべつの伐採跡地を見つける。ここはもっと広く、製材された長方形の木塊が積まれ、おが屑をかぶっていた。木材はまるで円形劇場の舞台へ降りていく階段に似せたかのようで、かつてその場所に立ち木があり、あとで木塊に切り刻まれ、成形されサンドペーパーで磨かれていたのがよくわかった。

コンセッションに定着する不法占拠者

自然保護コンセッション指定地でしてもいいこと、悪いことに関する政府の厳しいガイドラインは、インフィエルノのような小さな地域共同体にとって、法外に広い緑地の監視が義務づけられていることを意味する。それは自分たちの土地から一本の木がなくなった場合、まるで大きな獲物を手中から取り逃がしたような責任を問われる。「原則的に、三〇センチでも木を失えばそれは問題に——私の責任に——なる。というのも、木は私たちの預かり物だから」とアギーレは木材の山のうえに立っていう。

「われわれがこの木を見守れば、すべての段取りはうまくいく」。

「人々はさまざまな活動を始めるためにわれわれの土地へ来るけれど」と彼は続ける。「たったいまこの（コンセッションの）土地に根づいた家族がいる。彼らは土地の一部を自分のものにした。しかも木材を伐採してる。それは英語でいう不法占拠者（スクオッター）だ」。

不法占拠者はアマゾン全体で問題となっている。ペルー、ブラジル、ボリビアに多くの経済移民が発生している状況で、大勢の人々がどこであろうと決めたところに簡単に定住し、土地所有者の許可も請

コムニダード・エル・ナランハル付近で違法伐採され、農用地に転換された土地
（リンジー・ブルゴン撮影）

わずに新しい暮らしを始める。あるインフィエルノの自然保護コンセッションの一画は、大洋間横断道路に隣接していて、そこにある立ち木の群れのなかに、人々がわずかな居住地を得ようと流入してくるのをなかなか防げずにいる。横断道路はこの地域本来の生物多様性を分断してしまった。天然資源を港へ運ぶ大型トラックが通れる隙間はそうやって作られたのである。と同時に、横断道路は商業社会と雇用機会をひろげていった。

プエルト・マルドナードは移民の中枢だ。この都市は毎日約三〇〇人の新しい居住者を受け入れている。このことが、アンデス地方からペルー南部へと仕事を求めて移住する人々とともに意味するのは、仕事を得て暮らす場所を探す人々、生活に奮闘する人々が、マドレ・デ・ディオスのような地域に押し寄せているということである。プエルト・マルドナードの街路では毎朝、日雇いの伐採仕事のトラックに乗せてもらうために男たちの列ができる。彼らがその場で雇われ、違法伐採に駆り出されることも多い。

「金銭を得るのは違法な手段によってだ」とアギーレはいう。「それはいつまでも続く。文化みたいなもんで、人々は土地を移動して木を採ることができると考えてる。なぜかといえば、それが彼らの必要とすることだから」。アギーレは一一本の盗伐されたシワワコ（全部で約三万ボードフィート）がおよそ一万ソル（約三六万円）に値すると推計している。

インフィエルノの監視員は、彼らのコンセッションにおける不法占拠者の構造物や所有物を撤去することもあったが、不法占拠者を長いこと遠ざける結果にはまったくなっていない。監視員たちは盗伐に不満を抱き、業を煮やしている。移民についても同様で、監視員たちがいうには、あまりに多くの人々がペルーの北部から働きにやって来ていた。しかしそうした伐採業者たちが、自分たちの仕事を違法だとは知らないふしもあった。

湖を渡っていると、監視員たちはコンセッションの土地で盗伐の音を聞くことがある。闇のなかでチェーンソーがうなり、彼らは聞き耳を立てる。かつて盗伐をしている一家のもとへインフィエルノ当局から人が行ったことがあったが、身の安全を考えてしまった。

彼らの状況は、レッドウッドの森でレンジャーたちが直面している問題に酷似している。「彼らが事に及んでいる場を見つけないことには、何もできない」とアギーレはいう。「われわれは彼らが伐採しているところを見つけなければならないんだ」。しかしたやすくはない。監視員たちはコンセッションの土地から遠く離れたところに船を浮かべ、森のなかでは携帯電話の受信音も鳴らさない。盗伐者を現場で特定するために、彼らはじつに手の込んだ方法を考え出すのだ。

違法採掘やドラッグ栽培にも道をひらいた大規模伐採

二〇一八年三月、アギーレとインフィエルノの町の庁舎は、森林監視員が今度チェーンソーの作動する音を森で聞いたら出動のために必要となる書類や協力を確保し始めた。「われわれは地域共同体として、チームとして働いた」とアギーレは説く。彼らはプエルト・マルドナード警察をあらかじめ出動態勢に置くように手配した。マドレ・デ・ディオス地域全体には、たった六人の「環境警察」職員しか勤務していない。そして巡回すべき緑深いジャングルは一〇平方キロ前後もある。しかも盗伐だけが地域を苦しめている環境犯罪ではなく、アマゾンの大規模な森林減少が、違法採掘、石油やガスのための掘削、そしてコカインなどのドラッグ栽培にも道を開いてしまった。

地域社会はあるテレビ取材者に、通報があればいつでも警察とともにコンセッションへ入っていくよう要請した。ニュース放送も巻き込むことによって、彼らは民衆がテレビで目にした映像に怒り、地元製材所の盗伐木材のための販路を叩き潰してくれることを期待した。

次に監視員たちは、木々に音声探知通報器を取り付け、盗伐の場所を特定するＧＰＳ機器の使い方についてトレーニングを受けた。通報器はこの区域全体のさまざまなシワワコの木の茂みに「盗伐者の背丈」よりもすこし上に隠された。チェーンソーがうなりだしたらいつでも、通報器が監視員に知らせ、監視員からインフィエルノのアギーレに連絡が入る。アギーレは環境警察とテレビの報道陣に通知することとなる。彼らが「消えた」樹木のところまで駆けつけてフィルムに収め、破壊をやめさせるように願いつつ――。

二〇一八年春にチェーンソーの音が夜の静寂(しじま)を抜けて響いてきたとき、チームは準備ができていた。

監視員たちがアギーレに連絡し、アギーレは船に乗って監視員たちの駐在所まで下り、そこで彼は警察や報道陣と合流した。一行は次に、湖上を静かに船で滑走し、湖岸にそっと着岸すると、忍び足で森に歩み入って盗伐者たちのいるところにたどり着いた。

時おり盗伐の音が聞こえるトレス・チンバダス湖（ペルー）と、インフェルノ地区長のルヒエル・アギーレ
（リンジー・ブルゴン撮影）

この特殊な盗伐団は、産業規模の集団だった。警察が彼らを取り押さえ、違法伐採で検挙したとき、彼らは森の奥深くに建てた間に合わせの製材所へと、すでに木を運んであった。事件はプエルト・マルドナードの法廷内でも注目を集める劇的なものとなった。

事件からほんの二カ月後、私はコンセッションの土地をアギーレとともに訪ね、間に合わせの製材所に最終の立ち寄りをした。それはまだ建っていて、森林の伐採跡には捨てられたチェーンソーとチェーンが散乱していた。伐採者たちの存在の形跡はまだそこに残っていた。テーブルの上には引き裂かれたTシャツと、石鹼箱と空のブリキ缶が残されていた。

アギーレは、不法占拠者がいまもプエルト・マルドナードの製材所に盗伐材を売っているのではないかと心配している。一方、森に放棄された製材は分解されて土に還ることができる。エセエハ族に託された義務のひとつは、森林をできるかぎり手つかずのまま保つことである。レンジャーたちは、林地が残っていることを確かめによくここを訪れる。

地区長アギーレの願い――先住民の土地活用を現代流で

インフィエルノの土地での不法占拠者の野営地を見て、私の頭は混乱してきた。それはちょうど、私がブリティッシュ・コロンビア州のナナイモでＮＲＯｓのルーク・クラークに同行したときに見たテントキャンプの名残のようだった。カナダと同様にペルーでも同じことが起こっていたのだ。両方の野営地は、他に選択肢のない人々の住居になっていた。蔑まれるが、背に腹は代えられない。双方どちらの国の森においても、地域住民は強烈な経済の波に翻弄され、つてがあるとか他にすることがないとかいった理由で伐採の仕事をする。そして保護された林地から、何とか暮らしていくために一本ずつ木を盗むのだった。

盗伐者の足跡を追う私たちの一日は、もやもやした感じで終わった。アギーレと私は林地の奥深くに立地するポサダ・アマゾナスというロッジまで急傾斜の階段を昇っていった。入り組んだ森のなかの安らぎの場所だ。ロッジのきれいなレストランに席を取り、周囲の薄い紙カーテンをそよ風が揺らすなか、私たちは新鮮なフルーツジュースを飲んだ。インフィエルノからエセエハ族が所有を認められたこのリゾートは、太陽光発電で運営され、天に突き出したデッキが自慢だ。林冠のてっぺんを見張る場所になっていて、ここからは風に揺らぐ広大な緑のカーペットが一望できる。これこそアギーレが願うエセエハ族の土地の活用法だ。彼はその至福に光を当て、人々を歓待し、土手を飛び交ったり浸食された岸辺に歌ったりする世界一鮮やかな体色の鳥たちを見せ、ヘビやクモがいるよと指さして人々の驚くしぐさに笑ってみたいのだ。

結局のところ、インフィエルノはよくやっているとアギーレはいう。「私たちは保全をし、ツーリズムをしている。そういうなかで文化を保持してるんだ」。

第20章 「木々を信じてるから」

「われわれにとっちゃ、森は薬局さ。それにマーケットだ」
——ホセ・フマンガ

政府から伐採企業へ引き渡されたウカヤリの林地

ペルーで伐採業が最も活発な地域はウカヤリ県である[*]。同県の河港都市プカルパは、世界で最も大きな木のいくつかを海外の製造業者に輸出している。リオ・ウカヤリに沿ったプカルパの河岸地域は、果実、生きた動物、家庭用品などを売るめまぐるしい市場にとってのホスト役を果たし、空気中に黒い排気を吐きだす大小の船が列をなしている。市の境界の外には小さな居住区や村落が、アマゾン川と外の世界をつなぐ交通手段であるウカヤリ川に沿って見られる。

プカルパを囲む先住民のコミュニティは約三〇〇を数え、ウカヤリ川の河岸に点在するとともに、アマゾン川流域にも河岸部の延長が入り込んでいる。しかし先住民はウカヤリの土地のわずか二五パーセントしか管理していない。ペルー政府は森林の残りを民間の伐採企業に引き渡してしまった。ウカヤリの森林コミュニティは、インフィエルノとほとんど同じ経緯でコンセッションから森林が減少している。アマゾンの土地は農業利用のために盗伐者が伐採して丸太にしたり、焼き畑をしてしまうことが多く、コミュニティの中心というにも程遠い。

研究者のラウル・ヴァスケスと上流アマゾン管理委員会は、アマゾンの森林地域共同体で先住民の土地での伐採監視者として働くことに時間を費やしてきた。多くの伐採企業は彼を失職させようと、議員に彼のことを陳情した。彼と家族の暮らしは、このため苦境に立たされた。「ある日誰かが車から出てきて、妻を恫喝したよ」とヴァスケスは事務所での面会のとき私にいった。「じつに複雑なもんさ」。

ヴァスケスはこの地域じゅうで起こる森林破壊に精通している。彼はフィールドに出ると、輸出業者や製造業者に売る準備のできている木の幹や木片につまずくことが多い。彼がいうには、地域共同体はみずからの土地を管理して企業の魔手から守れるように、もっと多くの投資を必要としている。その投資のほとんどは、ドローンやGPS機器といったシンプルな技術へと回ることになるが、と彼は見通している。

「皆伐→焼き畑」でむきだしの大地をドローンがとらえる

プカルパから流れ出る水の勢いは、この市から物資や人々を輸送するが、雨林そのものから生じるひとつの生存形態もある。「私たちは木々を信じてる」と、コムニダード・エル・ナランハルの長であるホセ・フマンガはいう。「われわれの生活を守っているのは植物じゃなくて、植物のなかの命さ。それは森のエッセンスであって、われわれを見守ってくれている。だからわれわれは森を守るんだ。われわれの内部の生のために」。

エル・ナランハルは最初、一九九〇年代のこの地域への移民増加の影響として木材盗伐を追跡した。ペルー北部地域での経済危機後、ウカヤリへの移民は急増した。理由のひとつはこの土地が耕作にとても適していたためだ。エル・ナランハルの外部では、それが牧地化と耕地化のための伐木や皆伐へと結びついた。耕作されるものは食べ物やパームオイルだけでなく、コカノキも含んでいる。エル・ナランハルの森の奥深くから、違法にコカを採集するための小さな通路ができていた。

二〇〇〇年、コムニダード・エル・ナランハルはGPSシステムへのアクセスを認められた（プカルパの周囲にある先住民地域共同体の一〇パーセントが、自分たちの維持管理する景観をモニタリングするためにGPSを与えられている）。エル・ナランハルは地域共同体の境界をデジタルマッピングしようと意図していたのだが、GPSシステムではその土地が合意なしに伐木されていることも明らかになった。一九九〇年代以来、合計で約三六平方キロの林地が許可なく皆伐されたとエル・ナランハルの監視員たちは推計している。ある人々の集団は宗教活動の一環として、森のなかで勝手にひとつのコミュニティをまるごと設立した。周辺には、その教団が違法に占拠したエル・ナランハルの土地への来訪者たちを歓迎する看板を立てていた。

エル・ナランハルから派遣されたわずか二人の監視員が自然保護コンセッションを巡回していて、しかも徒歩でそれをやっている。監視員は麻薬の売人たちや、シカ・子豚を森で狩って売却する密猟者たちとも直面するようになったため、危険が及びやすい。私はエル・ナランハルから外へ出向いたとき、シワワコ、アイアンウッド、カオバ、イシピンゴの木が密集した低い茂みが――青々と茂った林地が――広々としてゆるやかな起伏をなす牧用地にとって代わられるのを見た。「森はわれわれの薬局で、われわれの市場なんだ」とフマンガはいう。「そこはわれわれが自分たちの木を採る場所。ただし家を作るためであって、売るためじゃない。そのすべての資源が、森林破壊で台なしにされていくんだよ」。

かつてエル・ナランハル付近に育っていたマデラの木は、家々のエクステリアに行き着いていることが多い。マホガニーの木は染料にするために伐られてきた。正式に林業のおこなわれていた土地が、いまでは家畜を養うために使われている。フマンガは村での見晴らしのいい地点から、よくチェーンソーの音を聞いたり、森林から立ち昇る煙を見つけたりする。

土地が皆伐されたあとに木々が焼かれなければ、盗伐材はプカルパに輸送され、そこで書類を捏造して輸出される。ヴァスケスのような木材調査官とフマンガは、彼らの土地で盗伐される木のおよそ四〇パーセントだけがいまはプカルパへ輸送されていると推計している。その数が九〇パーセントに近かった一九九〇年代初頭に比べて著しい減少である。とはいえ破壊行為はやまず、止めることとの難しさも変わっていない。盗伐者たちを現行犯で捕まえられる見込みが薄いままなのだ。誰かに近づいてその行為をやめてくれと求めることが、何を意味するかに不安を抱いてしまう。情け容赦のない市場は、そのリスクをすっかり保証するための見返りを要求する。

二〇一八年初頭、非営利活動家グループのウカウリAIDESEP機構（ORAU）は、コムニダード・エル・ナランハルに監視用ドローンを無償供与した。たがいに離れすぎていて森林監視員にアクセスできない約六〇〇〇平方キロのコンセッションの随所で、伐採行為が追跡できるようになる。林冠の上空を飛行することで——ところによっては低空飛行し、剥き出しの茶色い大地を暴露しながら——ドローンはこの土地の一部が最も盗伐に遭いやすいことを地域に見せる扉を開いたことになる。

ドローンの空撮映像がもたらした動かぬ証拠にもかかわらず、エル・ナランハルの作成した盗伐報告書は政府の頼りない反応しか引き出していない。私たちの周囲の空気は心地よいそよ風に揺れていたが、ホセ・フマンガの口調はその午後、ともに過ごすあいだにどんどん緊迫していった。「このことにはみんな憂慮してるんだ」。彼は控えめにそう語った。

第21章 カーボンシンク

「森は命ってことだ」
——ホセ・フマンガ

アマゾンの炭素貯蔵量を排出量がうわまわる

エル・ナランハルの外部やインフィエルノのコンセッション内で育つ木々は、北米自然公園の原生林と同じく、いくつかの国際的な危機のさなかにある。われわれの生きているあいだにも、世界の生物種の二〇パーセントが次々と消えていくという環境危機。そして開墾された土地に住んでいた人々が辺境に追いやられ、なんとかして生計を立てようと奔走させられている社会経済危機。盗伐はこのような難題が重なり合うところに存在している。

森林は気候変動に対するわれわれの最も偉大な防備のひとつである。それを継続的に破壊すれば、地球温暖化や生物多様性の減少や生物種の絶滅を加速させる。森林は毎年、人為に起因する炭素の三分の一を大気から吸収しており、これは米国の炭素排出量の約一・五倍にあたる。しかし大樹（直径約五三センチ以上の幹をもつ木）には、気候変動を抑制する特別な機能がある。根を、樹皮を、林冠を余さず発達させているため、新しい成長を遂げている若木よりも多くの炭素を貯蔵しているからである。二〇一八年、世界で最も太い木々は地球の森が貯蔵している炭素のおよそ半分を保っている、とある研究で明らかになった。したがって原生林を伐採することは、古い木々が炭素を吸収し、無期限に貯蔵することによって提供している「カーボンシンク」[*]を地球から奪うことになる。環境への二重の悪影響のあるなか、結果として起こる炭素のアンバランスは、産業によって排出される炭素によってまさに悪化の一途をたどる。

原生林レッドウッド、ヒマラヤスギ、ベイマツは、安定したカーボンシンクである。たとえばバンクーバー島の西海岸に根づいている木々は、世界で最も多くの貯蔵炭素を保っている。林冠が炭素貯蔵に決定的な役割を果たしているだけでなく、木のまわりの林床も同様の役割を果たしている。森林局の調査では、樹木や小枝の分解は森林の窒素循環や炭素貯蔵の不可欠要素である。原生林の木々は抵抗力があって山火事にも耐えるし、密集していて水分を蓄えたエコシステムが熱を封じ、他所の立ち木を乾燥させないようにする。

しかし北米やヨーロッパの木々が、熱帯付近の木々と同じくらい気候に決定的な重要性をもつなどとはとてもいえない。熱帯の樹木は、気候変動に対して世界で最も優れた防御となる。アマゾンは一万六〇〇〇の樹種――北米の一六倍――の繁殖地であり、新しい樹種もたえまなくこの地域で見つかっている。これらの木々は毎年、一億二〇〇〇万トンの炭素を吸収しており、絶滅が危惧される野生動物に不可欠な生息場所を提供し、数百万という人々を支える食糧生産システムに貢献している。

こうした森林地域の話に、われわれは北米で数世紀前に起こった行動とよく似たものを見いだすことができる。企業は現在、アマゾンでできる限り多くの木を伐採し続けている。ある統計では、一秒ごとにサッカー競技場と同じ面積で。太平洋岸北西部でもそうだったように、地元企業は木々の過伐採によってもたらされるビジネスチャンスに支配されていた。木材マネーの可能性と危険とに地域社会全体が浮き沈みを見てきており、土地に無料で立ち入る権利を得るために脅迫されたり、拉致されたり、ときには殺される先住民もいた。しかし新聞報道によると、ブラジルのジャイール・ボルソナーロ前大統領（彼は自分を「キャプテン・チェーンソー」と呼ぶ）が環境保全組織の伐採反対をすげなく突っぱねている。「この土地はわれわれのものだ。あなた方のものではない」と。彼の前任者だったルイス・イナシオ・ルラ・ダ・シルヴァ大統領は、並々ならぬ反植民地感情を表明していた。「アマゾンの住民を木の下で飢え死にさせるようなことを、よそ者（グリンゴー）から要求されるのはまっぴらだ」。

二〇二一年夏までに、アマゾンの熱帯林は多くのダメージを受けすぎて、炭素の貯蔵量よりも排出量の方が上回るようになってきた。熱帯林は広範囲の泥炭層のうえに育っている。この層が農地確保のために侵害されると、数千年かけて蓄積されてきた二酸化炭素が大気中にばらまかれる。インドネシアの泥炭層はいま、カリフォルニア州よりも多くのCO_2を排出している。南米では、環境保全組織が危惧していた最悪の事態、つまり伐採がブラジル国内の奥深くの先住民保全地域に及び、いまやアマゾン流域の「奥の奥」にまで浸透している事態を実証すべく、衛星調査をおこなっている。

理論上は、気温が上がれば樹木の代謝は加速されることになり、炭素吸収はより迅速になる。しかし科学者たちは、気温上昇が呼吸の促進にもつながる可能性があることを発見した。つまり光合成で炭素を取り込む速度よりも速く炭素を放出するのである。気温が上がりすぎると、木は分子レベルでダメージを受け、森林環境をますます高温にする。気候変動はまた、乾燥して燃えやすい林床も生み、それによって温暖な森林環境が増えた。このことが山火事（人為または稲妻での発火による）を引き起こし、かつてないほど広く速く拡大し、制御や鎮火が難しくなる。その究極の影響が、原生林の木々への脅威である。海岸レッドウッドが生き残るためには、あのバールがふつうよりも頻繁に再生を強いられることになるかも知れない。

気候変動はベイマツのような木々の成長も阻害する。極端な気温のなかで成長が止まってしまい、炭素固定もやめてしまう。「もし木々が炭素を貯蔵しなくなったら、私たちは〝どうやって調整し直そうか〟と考えなければならなくなる」。森林局の遺伝子学者で分子生物学者のリッチ・クロンは二〇二一年夏に西部を通過した熱波の後でこう疑問を投げる。「われわれはこうして環境の再調整を迫られるんです」。

これへの対応として、森林の専門家はいま、一種の生物版「ホブソンの婿選び*」について公開討論をおこなっている。「三本の木のうちのどれが、そしてどの生態系が救うに価するか」と。

木材同定の新技術——蛍光染色法、年輪音声法

コンセッションの土地のチェーンソーの音を検知してインフィエルノに通報されたような警報音は、

いまは南米やアジアじゅうで聞かれる。熱帯林コミュニティ全体で、盗伐から森を守るための手段として。

近年、その他の新しい技術——多くはレインフォレスト・アライアンスのような非政府組織によって資金供与されたもの——も開発されてきている（こうしたシステムは、サプライヤーについての正確な情報を維持していたい木材企業やパームオイル企業によって資金提供されることもある）。たとえば改良されたレーダー技術では、分厚い雲を透過して熱帯林の林冠の画像をつかむことが容易になった。これは衛星画像の発達ともあいまって、より一貫した熱帯林のモニタリングを意味し、従来よりも多くの警報と警告を送信する。より高解像度の画像によって、個々の木にフォーカスすることもできるようになり、みごとに聳え立つ原生林を備えた中小の地域共同体にいくつかの管理業務を返還することができる。

アシュランドの魚類野生生物局法医学研究所で、私はケイディ・ランカスターといっしょに、大きなスキャナー機のようなもののまえに座った。研究所は蛍光による同定に着手し始めていた。明るい日光のもとでは、多くの種類の樹皮や木材は他の樹種とほとんど区別がつかない。これとは対照的に蛍光の下では、木材は光を放つ蛍光色の染色体が振動するディスプレイとなる。ブラックライトを当てると現れる、指紋のようにそれぞれに固有の蛍光パターンがどの樹種にもある。顕微鏡で調べるとこの蛍光の輝きは、樹皮や年輪の隆起部には目立って現れ、幹では円形や模様をもって浮かんで見える。ある場合にはオンブレ効果*があり、木の構造の変化を示すこともある。

ランカスターはブラックライトのしたで、クロニセアカシアの木の断面をスライドさせる。外部の縁

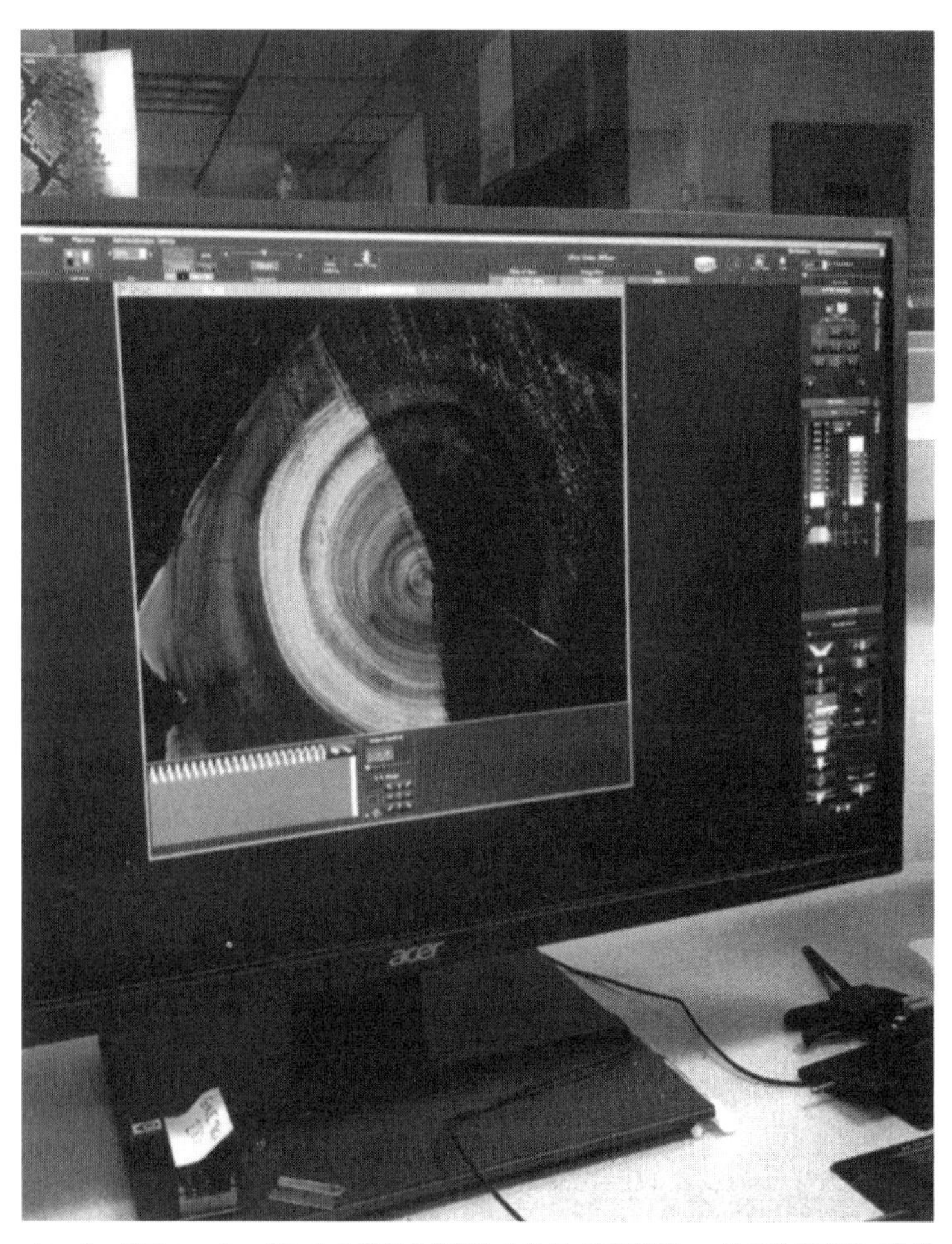

オレゴン州アシュランドにある米国魚類野生生物局（USFWS）の法医学研究所で蛍光を用いて分析されるクロニセアカシアの木の断面
（リンジー・ブルゴン撮影）

はまだ樹皮でおおわれ、試料の一部は斧による切り込みで損傷している。即座に木の自然な蛍光が立ち上がり、年輪や樹皮の隆起部に沿って茶色、黄色、そして緑色が絡み合う。ランカスターが倍率を上げると、新しい色が木の導管から現れる。木質のキャンバスを小さな点や線が蔽っている。実際、蛍光同定法はどこかアートっぽい。身の回りのものすべてに隠れた驚くべき美しさを明るみに引き出すのだ（そんな事実を証明するように、彼女はいままでに自分の好きな蛍光模様のポストカードを作ってきた）。

二〇一九年秋に私がアシュランドの研究所を訪れたとき、エド・エスピノーザも樹木と美の出会いに見入っているところだった。エスピノーザは、ひとりの男がレコードプレイヤーでレッドウッドのスライスを「視聴」しているYouTubeビデオを見たあとで（ひとつひとつの年輪の溝から歪んだ音を立ち上げることができるのである）、樹木の声との対話に夢中になっていた。しかし動画に収められた技術は、彼には真っ当のものとは思えなかった。樹木の声は本当に年輪から出ているのだろうか？

エスピノーザは樹木の音楽をしっかり聴くために、以来もうすこしそこへ歩み寄った。二〇一九年に南オレゴン大学デジタルアート教授のデイビッド・ビッツェルは、ある面白い提案をエスピノーザにも ち掛けた。もしエスピノーザが盗木から収集したデータを共有してくれれば、ビッツェルの学生たちがそれをコンピュータに入力し、電子音楽を生み出せるというのだ。

ある爽やかな秋の夕方、エスピノーザとランカスターがビッツェル教授の音楽教室を訪ねると、教室では法医学研究所から送られたたくさんの樹種のファイルからデータマイニングをしているところだった。それらのデータは、南オレゴン大学の学生たちのソフトウェアによって変換されると、低くうなるノイズと繰り返される催眠性のノイズの組み合わせを生み出し、それぞれの樹木は固有の振動周波数を発生させていた。エスピノーザは肘掛椅子にもたれ、頭のうしろで両手を組みながら、自分の木々の息づかいを聞いていた。

樹盗とのたたかいは重武装化よりも地域社会の理解

技術の向上にもかかわらず、レンジャーたちは盗伐を抑止するための初歩的な手法をいまも用いている。そのシステムは北米の自然保護の伝統であり、世界中に輸出され確立されてきた。盗伐が利益の上がる国際取引となるにつれ、それと闘うために軍事スタイルのレンジャーシステムが台頭してきた。盗伐はいまや武装したレンジャーたちや、進化した地域通報システムや、厳重に警備される自然保護エリアにますます直面している。世界で最も危機に瀕しているいくつかの樹種を保護する必要性が高まるなかで、タイのサイアミーズ・ローズウッドを守る武装警備隊から、生存する最後のサイやゾウをモニタリングするパークレンジャーたちまで、こうした「要塞型」の自然保護が必要性の増大に対応するためアフリカやアジアの自然保護区で採用されるようになった。

アイルランドの環境保護活動家ロリー・ヤング〔原注1〕が代表作『違法伐採対策フィールドマニュアル』——現場のレンジャーたちに向けた世界で唯一のハンドブック——を書いたとき、彼は盗伐を「文化的なコンテクストで理解すべき」複雑な犯罪であると明記した。バール目当てにローズウッドを撫で斬りにするにせよ、牙を目当てにゾウを殺すにせよ、密猟・密採者たちはそれをやめたがっている。そのための手段として彼らが脱出していく地域社会というものを、ぜひ理解するよう努めてほしいとヤングは読者に懇願する。環境保護とは、「盗伐に向かわせる社会経済的要素への対処」も含んでいるのだと彼は書いている。

とくにヤングは、自分の論点を明らかにするためにイングランドの太古の森を例に引いた。ノッティンガムの州長官の致命的な失敗は、地域社会に深く根を下ろすのをロビン・フッドに許してしまったことだったと彼は書いている。「(ロビンの) 最大の資産は人々からの支援だった」。領主、州長官、森林管理官の権力をものともせず、ロビン・フッドと愉快な盗賊仲間たちはいつも勝った。「これは再三繰り返されて来た古典的な過ちなんだ」とヤングは強調する。「重装備して、闘争スキルと武器を備えた男どもが何人送り込まれようが関係ない。盗伐者を見つけられなかったら、それは時間と骨折りと金の無駄にすぎない」。

ヤングは盗伐を解決するための新技術の到来をもてはやさないようにしていた。林床を歩き回って盗伐者を追跡する男たちこそ、リモートセンシング機器にまったく劣らず効率的に思われると彼は書く。またどんな「驚異的な武器」でも盗伐に歯止めはかけられないという。代わりに盗伐を最も思いとどまらせることができそうなのは、地域そのものの深い知識だと書く。「汝の敵を知れ」だ。

翻ってカリフォルニア州オリックでは、警官まがいのレンジャーのアプローチがたいそうな憤りを買ってきた。西洋社会での自然保護システムの構図――広域の自然が人間の居住しないままに残され、人間と自然が分離される――を考えてみれば、森は盗伐者に盗伐の思いを挫かせるような地元の監視を欠いている。代わりに警察がある。かつてピーナッツ・コンボイのドライバーだったスティーブ・フリックは、自然公園に「銃を携帯した男たち」が入れなくなれば、オリックの町の問題の多くが緩和される

といっている。

アウトローズはおおっぴらに熱弁する。公園局はオリックに対して支配力をもっと自分たちには思える。またそのことは正義に反すると。いかに彼らが監視され、ジャッジされ、攻撃されていると感じているか。「公園局は人々に嫌がらせをしてるのよ。いつだって人々をとっちめてるわ」と、テリー・クックの店の前庭でチェリッシュ・ガフィーはいう。

「奴らはただ、俺を縛りつけておこうってのさ」とクックはつけ加える。

こうしたことの大部分は、被告人にありがちな感情として受け流すこともできる。しかしそのうちのいくらかは、まっとうな批判に根差したものだ。レンジャーたちは理由があろうとなかろうと、前科に注目して捜査を開始するのがふつうなのだ。しかし怒りはすばやく悪性を帯びて増幅することがある。

「連中は俺を敵に回したがらない」とクックはいう。「一本の木も残していかない。俺はそこにノコギリを一本置いてきた。奴らが自分たちの手にした木々を刈るためにだ」。

第22章　忘却の彼方で

「だけどこれもいっとこう。俺は何年もまえに手を引いたんだ」

――デリック・ヒューズ

長すぎる裁きを待ちながら

アウトローズの絆は分断されたが、いまも付き合いは続いている。それは狭い集団で、猜疑心と被害妄想が支配している。どんな関係にとっても、相手を裏切らずにいることは最後の楔(くさび)であり続ける。この情緒的な空気感が、自然公園につけ入られる。比較的小さな違反行為について罪を軽くするのと引き換えに、通報者を求められるのだ。これで友情と連帯はあっさりと変化し、辱めの応酬がまかり通る。あるとき私は、クリス・ガフィーがテリー・クックの家に住んでいると聞いた。べつのときにいってみると、もうガフィーはクックの家に受け入れられてはいなかった。

最後に私がガフィーと電話で話したとき、彼は床を歩き回り、興奮気味だった。彼はその頃、ワイオミング州で油田掘削の仕事をして過ごしていたが、ホームレスだといっていた。「もちろん俺たちはみんな、ずっと働いてきたはずだ。働いて金を得てる。施しやなんかで生きてるんじゃない」と彼はその午後、カリフォルニアの海岸沿い、トリニダードの町にある自宅でそういった。「でも俺たちが家族のために外へ出て小金を稼ごうとすると、罰される。ブタ箱や何かにぶち込まれるんだ」。ガフィーはみずからを公園内で起こるあらゆるタイプの犯罪の見せしめと見ている。ガフィーは多くの人々が、パークレンジャーたちの訪問を受けるたびに自分についての情報提供を申し出ているのではないかと疑っている。「クリス・ガフィーを見捨てれば、レンジャーたちから解放される」と彼はいう。そんな顚末以来、ガフィーと私のつながりは希薄になっている。私は二〇二〇年の秋以来、ガフィーの便りを聞いていない。彼が盗伐関連事件の裁判日時に欠席した後、その年の七月に彼への逮捕状が出ていた。

クリスの父ジョン・ガフィーは、結局オリックの自宅を売り、南のマッキンリーヴィルに移った。公園とクリスのトラブルのあいだ、ジョンは息子を支援し続けて来た。彼らはある特徴が共通している。公園局への怒りと、就業機会のない不満だ。ジョンはオリックを「ただのドラッグ中毒者の町」といまは呼ぶ。それだけに、オリックの多くの人が私に伝えた陰謀説を真似て彼はいう。最後は町に誰もいなくなり、そうなれば公園局が町をまるごと乗っ取ることもできるよ、と。

デリック・ヒューズとダニー・ガルシアとは以前つながっていたが、ふたりを結んでいた絆は弱まったらしい。「俺は彼がやったようなことはしなかった。生きてる樹木に対して。——そんなの問われるのもバカバカしい」。枯れ木や倒木ばかり取っていたことを強調して、彼はそのようにいう。クックとガフィーはガルシアの事件以来、たがいに距離を置いている。「奴はやりすぎちまった。木を滅多斬りにした」とクックは自宅の庭で語った。

「ええ、あれはまずかったわね」とチェリッシュも頷く。「あの件では私たち、ガフィーに怒り心頭だった」。

ガルシアは人生を変えようと、遮二無二働いてきた。これについては地元の牧場経営者ロン・バーロウが彼を援助してきた。必要とされる地域労役時間数を満たし、ガルシアが娑婆の務めに足を踏み入れようとする初めの一歩を彼は助けた。「人は他人のなかに何かを見いだすことがある。そして思う。〝こいつは俺たちが調えてやらなきゃ〟と」。バーロウはそういう。ガルシアはいまユーレカ周辺の製材所勤めで、この町に小さな家を借り、恋人や娘とともに住んでいる。

「彼女はわりと環境志向だよ」。ガルシアは恋人についてそういう。「そして俺もそうなるだろう。でも俺は自然公園を嫌うあまり、こんなふうに裏目に出ちまった」。彼はもうオリックに出向くことはないという。二〇一四年五月の有罪判決以来、彼は公園に入ることが禁じられているのだ。しかし事件のことを話すときにはいまでも憤る。ラリー・モロウの方がガルシアよりも軽い判決をいい渡され、パークレンジャーたちがガルシアを捕まえるのに血道を上げていたと彼は思っている。私と話すあいだ、ガルシアは恋人が何かいうのに耳を傾ける。「彼女がいうには、俺がもうひと世代早く生まれていたら、すべてはお目こぼしだったたってさ」。

デリック・ヒューズは裁定結果が出るまで三年待った。裁判の日時は二〇一八年から二〇二一年まで何度も延期になっていた。そのあいだ彼は辺獄にいるかのごとく忘れ去られたまま、景観づくりや一般労働者の仕事を請け負い、母親のリン・ネッツの世話をしていた。「(公園が) 母をクビにしやがったんで、俺はそれに耐えるのがとても、とてもしんどかった。だってマムは仕事が大好きだったんだぜ」と彼はいう。「しかも仕事がなくなった理由がこの俺さ」。彼はすぐにでもオリックを去りたいと思っている。

ヒューズの事案がのろのろと進むあいだに、RNSPレンジャーのブランデン・ペローはヒドゥンビーチの木の方に向けて隠しカメラを設置した。ビーチでは、薄切りにされたり縦に裂かれたりして盗伐材の山となった材木を捜し出すのは容易なことだった。しかしビーチにはまた、丸太や腐った流木がうずたかく積もっている。太陽に照らされて白と黒に変色し、木でできたなだらかな尾根のように見える。カメラに映った画像のなかに、ペローは地元民が夜中にトラックでそこを訪れ、薪を切って運び出しているのを見かけた。それが誰なのかはわからなかった。

ヒューズの審議が忘れ去られているあいだ、ペローは米国森林局付の業務に異動となったが、ハンボルト郡はその後も彼の勤務拠点だった。「彼は何事が起こると思ってるのか、私にもわからない」。新しい業務に就くため旅立つまえに、ペローはヒューズについてそういった。

レッドウッドのかたわらで聴いた判決

二〇二一年八月のある日、デリック・ヒューズと彼の弁護士はハンボルト郡高等裁判所内での判決をまえにして立っていた。ヒューズは前月まで無罪を主張し続けていた。二〇一八年にメイクリークで撮影された監視動画に映っていた人物に身長が一致する人間はたくさんいるし、トラックも彼が運転しているのと似ていただけだろうという主張だ。彼は自分に対する公園局の申し立てがいかにも脆弱だと確信していた。「せいぜい彼らがもってるのは」と彼はいった。「俺に何となく似てるっていう、輪郭がボケボケの写真だけだ」。最初の法廷弁護人に失望をつのらせていたため、裁定が次々と延期されるにつれ、彼は合計四人の裁判所選定弁護士を交代でつけていた。

しかし二〇二一年七月、検察との司法取引をもち掛けられ、ヒューズの気が変わった。彼に対する訴えのほとんどが取り下げられ、重篤な破損だけで有罪となるよう請願した。彼の望みは、判決を軽罪に減じることを裁判官が受け入れることだった。ヒューズは四丁の銃の所持が引き続きできることを望んでいたのだ。もし重い判決が下れば、銃は彼から剥奪されることになる。

八月におこなわれた彼の保護観察聴聞会に出された供述で、ヒューズは義理の父で最近リンの家から転出していたラリー・ネッツに「やられた」のだとほのめかした。[原注1] しかし判決の際、裁判官はそのような主張をまともに受け取ることはできないとはっきり述べた。「この出来事について、あなたにはいかなる改悛の情も見られないし、本当に悪いことをしたという認識もない」と裁判官は法廷で語った。裁判官が期待したのは、ヒューズがＲＮＳＰに赴いて損害賠償を申し出たうえ、この犯罪の金銭だけにとどまらない影響への認識を示すことだった。「あなたにはそれが見られなかった」と裁判官はいった。「見られたのは、銃をもてなくなることへの懸念だけだ」。

公園局側の訴追人は、一万ドル（約一三〇万円）の罰金と公園地所への全面的な立ち入り禁止を含む最大の刑を要求してロビー活動をおこなっていた。しかしヒューズは再犯者にはなりそうもないことや、彼の母も妹も最近ともに癌と診断されたことが斟酌された。ヒューズは公園への全面立ち入り禁止は妥当でないと主張した。理由はとりわけ、彼が家族をつれて医療診療のためフェリーに乗るため、ハイウェイで移動する際に公園を通過するからだった。最終的にヒューズには、二年の執行猶予、四〇〇時間の地域労役、一二〇〇ドル（約一六万円）の罰金、そして交通機関による通過を除いた国立公園への立ち入り禁止が言い渡された。

デリック・ヒューズは判決の際、立ったまま裁判官の方を向いていた。彼の右側の壁には、レッドウッドの木に彫られたカリフォルニア州の紋章が掛かっていた。

あとがき

私がこの本を書き終える頃、ブリティッシュ・コロンビア州では、森林闘争が発生から三〇年後になってもまだ尾を引いていた。二〇二一年の七、八月、環境保護活動家たちがバンクーバー島のフェアリークリークという地域に集まった。州政府がティール・ジョーンズという伐採企業に多くの原生林立木地の一区画を譲渡した地域である。雨林の奥深くで、抗議者たちは枝に腰かけ、林冠から演台を吊るし、木の梢に横断幕を広げ、伐採用の機材に寝そべった。彼らはほどなく一九九三年のクラークワット・サウンドの記録を超えた。五カ月にわたる期間で、一〇〇〇人以上が逮捕されたのである。

フェアリークリーク封鎖のニュースを、私は州内の自宅でかじりつくように観ていた。私が住んでいるのはこの林業国カナダ。しかも二〇一九年にわが街の近くで製材所が閉鎖され、それをきっかけに約二〇〇人が解雇された地域だ。この自治体はつい最近まで安定し勢いもあった経済に、いまや新たな変化をつける役目を担っている。

玄関の外には一本の細い道があり、もっと細く舗装されていない道へと続いているのだが、その先にはベイマツ、ベイツガ、ベイスギの小さな森が、北トンプソン川の岸に沿ってたたずんでいる。その森はウェルズグレイ・コミュニティ・フォレスト社によって管理されており、同社は以前この地域の林業が低迷中だった二〇〇四年、管理に着手した。コミュニティ・フォレストはいま、クリアウォーターの街を囲み、林業を含む数々の用途のために管理されている。わが家を取り囲むその森で伐採された木の収益は通常、地元の慈善事業や団体に還元されている。この事業は地域雇用の牽引力であり、同時に地域文化でもある。

ブリティッシュ・コロンビア州には、このウェルズグレイのようなコミュニティ・フォレストが徐々にひろがってきている。木立ちの持続可能な利用法に向けた、ささやかな誓約である。事実、州で最初のコミュニティ・フォレストは、森林闘争さなかの一九九八年に立ち上げられた。二〇二一年発表の報告書にブリティッシュ・コロンビア州コミュニティ・フォレスト協会が記したところでは、民間企業が運営する森の二倍もの雇用をコミュニティ・フォレストが生み出しており、同州のコミュニティ・フォレストの半分は先住民の地域社会やパートナーシップで管理されている。

いまブリティッシュ・コロンビア州には、五九のコミュニティ・フォレストが散在している。そのほとんどは、人口三〇〇〇人未満の市町村が州政府から長期に借り受け、森で採れた木材や林産物を管理しながら運営しているものである。二〇二一年には州内の一五〇〇人以上の人々がコミュニティ・フォレストから何らかの収入を得た。木材業のほか、消防、トレイル建設、科学研究によってだ。

森林管理の実践は、森林地域そのものをどれほど雄弁に物語るか。コミュニティ・フォレストはその問いにひとつの答えを与えてくれる。かつてセイブ・ザ・レッドウッズ・リーグが、「ライジング・レッドウッド・プロジェクト」という公園修復ベンチャー事業の一環として限定伐採を認めるというレッドウッド国立・州立公園との合意にサインをしたとき、オリックには反発感情が高まった。コミュニティ・フォレストはどんなに少なく見積もっても、こうした憤りを避ける手立てにはなる。公園の土地で重機が雑木林を皆伐したり、チェーンソーが何本もの木を倒したり刻んだりするのを見たことで、オリックの多くの住民は混乱し、激昂した。「なのに奴らは、むしろ俺たちを悪者呼ばわりだ。枯れた木を拾っていっただけのことで」とデリック・ヒューズはいう。「俺にいわせれば、枯れ木拾いは何よりレッドウッドを救ってるのに」。

「奴らがルールを作っておいて守ってない」と彼は付け足す。「そんなんで他のみんなに何がいえるのか」。

自分たちのコミュニティ・フォレストを管理するという習慣は、もちろんブリティッシュ・コロンビア州の外でもひろがっている。私がペルーで訪れたコンセッションや、メキシコのコミュニティ・フォレストのいくつかはとてもうまくいっていて、専門家たちはそれらをグローバルモデルとして提案してきたほどだ。とくにコミュニティ・フォレストは、森林地域に無数にある貧困を減らしてきた。

サンシャインコーストでのコミュニティ・フォレストの例で見て来たように、盗伐はコミュニティ・フォレストでも起こっている。しかし盗伐者たちが、自分たちが盗んでいるのは見も知らぬ公園管理当局からではなく、近隣住民からなのだということを知れば、盗伐を助長する要因は少なくなるかも知れない。インフィエルノの森林にいるようなコミュニティ・ガーディアンと足並みをそろえれば、盗伐の危険が高まりすぎないようにすることもできる。ある場合には、それによってコミュニティの絆を強めることさえ可能だ。ヒューズがいうように、もし違法行為から手を引かせる人物を彼が知っていたら、町での生活は緊張がほぐれ、和気あいあいとしたものとなるかも知れない。

このことは保全に向けた新たなアプローチを必要とし、レンジャーたちに銃をもたないよう求めることになる。世界的に見て森林統治の専門家たちが支持し始めているのは、地域社会を取り巻く森林の管理権を地域社会みずからが担うという保全政策である。たとえそれが森林伐採を意味する場合であってもだ。そして人間による森林利用を考慮に入れない保全プロジェクトを提案する人々は、手厳しい反発を浴びる。二〇二〇年、一〇〇人のエコノミストと科学者からなるチームが、世界の土地と水の三〇パーセントを二〇三〇年までに保全するよう政府に嘆願する報告書を発表した。しかしそれは厳格な保全モデルで、人間を欠いており、またその計画は資源不使用による穴を観光で埋めるよう示唆したものだった。これに対し、世界の保全研究者や社会科学者はこぞって批判した。「この報告書は植民地主義のニューモデルのように私たちには読める」と。

人間による利用を自然から切り離すことは、安定し続けたためしがない。フォレスト憲章はこうした知恵を考慮に入れて、数百年を経たいまも起こっているこうした問題に対処していた。だがむしろ、時代のトラウマという遺産が残った。「私は一度もそのトラウマから回復したことのない夫をもった」とダディン・ベイリーはいう。一九九四年にクリントン大統領のポートランドサミットで声明文を読んだ人物だ。「彼はいろんな仕事をしようとして、実際やってもみたんだけど、彼が彼自身だったことは一度もない。魂の一部をもっていかれてしまったの。地元の人びとに対して果たせなかった約束があると、人は望みを失うものよね」。

究極をいえば、木を守るとは帰属の問題なのである。あなたはどこから来たのだろうか。こうした木々について、何をわかっているだろうか。「ぶっちゃけてやろうか？　真実を」とデリック・ヒューズはいう。「この土地はみんなユロク族のもんだ」。

謝辞

本書はオープンに人生を語ってくれた人々、とくにカリフォルニア州オリックの人たちの寛大さに多くを負っている。なかでもダニー・ガルシア、デリック・ヒューズ、リン・ネッツ、テリー・クック、チェリッシュ・ガフィー、クリス・ガフィー、ジョン・ガフィーの深い真心なしには、この本は存在していない。余すところのない、手ざわりのあるストーリーを私が書こうとするあまり、人生に立ち入った質問をしても、彼らは繰り返し答えてくれた。積極意志と、誠実さと、透明性を見せてくれた人たちである。

チーフレンジャーのスティーブン・トロイ、ブランデン・ペロー、ローラ・デニー、特別調査官のスティーブ・ユー、その他レッドウッド国立・州立公園のチーム全員が、園内の自分の持ち場へ私を案内し、多くの追加質問にも気前よく、辛抱強く答えてくれた。国立公園局と内務省は、本書のストーリーをたどるうえで必要となった書類を驚くべき迅速さで提供してくれた。オレゴン州にある米国森林局のアンディ・コリエルとフィル・ハフも、かけがえのない情報提供者だった。ブリティッシュ・コロンビア州では、ルーク・クラークとデニス・ブリッドが巡回トラックに私を同席させてくれたうえ、質問にも辛抱強く答えてくれた。オレゴンにある米国魚類野生生物局犯罪科学研究所には入室許可をもらい、エド・エスピノーザ、ケン・ゴダード、ケイディ・ランカスターに研究の経緯を教わった。DNAの驚くべき世界について専門知識を分け与えてくれたリッチ・クロンにも感謝している。

マッケンジー・ブレイディ・ワトソンは、私がまだ暗中模索状態のときでさえ、私と本書に信頼を寄せてくれていた。彼女とステュアート・クリチェフスキー・リテラリー・エージェンシーのアメリア・フィリップには、たえまなく支援を、助言を、指導を受けた。私の本が同店の店頭に並ぶことにも尽きせぬ感謝を申し上げる。ラチエンズ&ルビンスタイン書店のデイジー・パレンテには、イギリスでの私の仕事を支援してもらった。

リトル・ブラウン・スパークのトレイシー・ベーハーとイアン・ストロース、グレイストーン・ブックスのジェニファー・クロルは、思慮深く果敢でスマートな編集を施し、木が失われる時代に木からこの本が生まれる道筋をつけてくれた。ホダー&ストゥートンのヒュー・アームストロングには、この本を英国の読者と共有し、本書とイングランドの森林とのつながりに注目してくれたことを感謝する。アラン・ファローには、洞察力のある入稿整理で原稿を大幅に改善されたことを感謝している。リトル・ブラウン・スパークとホダー&ストゥートンの販売チームには、この本が読者を得られるよう助力を得た。

ジェフリー・ウォードにはみごとなマップでお世話になった。私の文章と彼女の地図が並ぶのは光栄なことである。几帳面な事実検証をしてくれたジェン・モニアーにも感謝する。カシディ・マーティンはすぐれた調査アシスタントであるとともに、音声の文字おこしもしてくれたうえ、いまや盗伐については私並みに多くのことを知っている。

新型コロナウィルス感染症の世界的流行で、私は太平洋岸北西部に予定していた広範な取材ができなくなった。そのあいだ、ハンボルト郡の街路で話を聞き、本書の執筆中も住民に電話やメッセージで時間を割いてもらったことをかぎりなく感謝している。ハンボルト郡歴史協会には、歴史資料やみごとな調査スペースを使わせてもらうとともに、興味深い多くの対話や気づきを得た。地域全体を通じた共同体による薬物対応によって、私はハンボルトのやさしさ、開放的な心、深い慈しみのある気質を教わった。ハンボルト郡高等裁判所のテレサ・ヤノフスキには裁判所の体系を教わり、裁判記録や書類の検索に限りない尽力を賜った。本書のすべての情報提供者が誠実で、協力や歓迎を惜しまず、多大なる力になってくれた。本書にそれがすこしでも結実していることを願う。

二〇一八年に私がペルーでフィールドワークをしたマドレ・デ・ディオスとウカヤリの両地域では、多くの市町村に取材を受け入れてもらった。ミルトン・ロペス・タラボチアは、取材が円滑に進むようにしてくれたし、川舟やジャングル踏査の賢明で陽気な付き添い人でもあってくれた。ローザ・バカとマドレ・デ・ディオス川および支流の先住民連盟、ルヒエル・アギーレとインフィェルノ先住民共同体、ベルギー人地域共同体およびエル・ナランハル地域共同体には、知と経験を共有してもらい、土地にテントを立てることを許可してもらった。ジュリア・ウルナガと環境調査局、上流アマゾン管理委員会のラウル・ヴァスケスは、大きな危険を背負ってアマゾン川地域の樹木窃盗調査を敢行してくれた。

私の仕事の大半は、北米自然保護の歴史を研究した学識者の献身的な研鑽に影響を受けている。本書の広範な部分について参考文献を明記してあるが、カール・ジャコビー、エリック・ルーミス、ドルセタ・テイラーの著作にはとくに慰めを、勇気づけを、インスピレーションを、そして自分の観察への自信をもらった。バージニアには日誌のことで感謝している。カリフォルニア大学バークレー校バンクロフト図書館に所蔵されているアメリア・フライの口承史アーカイブズにも限りなくお世話になった。図書館相互貸出しの専門家であるトンプソン・リバー大学図書館の図書館員にも感謝している。

雑誌やオンライン記事に初出した本書の部分は、ミッチェル・ニジュイ、レイチェル・グロス、ブライアン・ハワードなどの素晴らしい編集者に影響されている。本書を構成している調査と取材はナショナル・ジオグラフィック・ソサイエティ、環境ジャーナリスト協会の環境ジャーナリズム基金、カナダ芸術協議会、アルバータ芸術財団の財政支援を得た。

本書の文章は、バンフ・センターの山岳・原生自然ライティング・ワークショップ、ブレッド・ロウフ環境ライター会議などのワークショップを通じて精彩が加わった。この会議に私は多くの点で自信と刺激を与えられており、メンターであるジョン・エルダー、マーニ・ジャクソン、トニー・ウィットム、またライター仲間たちに感謝している。ジェシカ・J・リーとサラ・ステュアート・ジョンソンには、本書の提案書を私が書くときにテンプレートと推薦状を賜った。

執筆中、思慮深く、聡明で、クリエイティブな友人や助言者の多くが編集上の留意点や倫理的洞察を与えてくれたのは幸いだった。アリソン・ドゥヴロー、マーガレット・ハリマン、ジェイミー・ヒンリッチュ、ミシェル・ケイ、スティーブン・キンバー、カレン・ピンチン、サンディ・ランカデュワにも限りなく感謝している。

私の家族——ダニエル・ブルゴンとギャレス・シンプソン、ダリル・ブルゴンとトゥリナ・ロベルジュ、リサ・ヒュイザンおよびアルチー・ヒュイザン、そして祖父母のリック・ブルゴンおよびシャリンヌ・ブルゴンは、本書のために私が未知の土地へと赴く際、絶えず私を支え、忍耐強く熱心に応援してくれた。この作品は彼らにもらった機会によって芽を吹き、シモン・コルクムからの揺るぎない支援によって成長する。

私はジェイムズ・エイジーの「誉れ高き人々を讃えよう」という言葉を導き手として本書を執筆した。

ひとつの主題を献身的に掘り下げると、その主題に対する敬意が一歩ごとに強まり、主題を扱う自己の不甲斐なさは前向きな思いによって解消されていく。長い時間をかけて、心の奥底にあるものにすこしずつ手が届くこともあれば、結局はそれが無価値だったと気づくこともある。いずれにせよ望みたい。それが学びの始まりであることを。

まさにその一歩一歩が、私にとっての誉れだった。

（敬称略）

訳者あとがき

原生林を開拓してきた生き物は人間しかいない。原生林を聖域のように保護してきたのも人間だけだ。森の恵みをていねいに引き出してきた先住民からの略奪以来、北米大陸の大地にはこの両極端の歴史が刻まれている。

かつてそこにあった仕事が消え、生存の場を失った人々もいる。彼らに残された最後の選択が「樹盗」だった。

本書には、盗伐とのさまざまな関わりをもった人々が登場する。巨木を伐る者、守る者——。あらわれ方はまったく違うが、森の仕事へのこだわりを生き抜いている点では変わらない。

著者は「あとがき」で、こうした森への執着は最終的に帰属の問題なのだと書いている。帰属とは一見つかみどころのない言葉だが、「所有」と比べるとわかりやすい。

大規模開発や、持続不可能な自然保護を推進する人々にとって、森林は国家や資本家の所有物であるかも知れない。しかしそこに貼りついて生活する者にとっては、つねに物心両面の支えであり、拠り所となっている。こうした存立基盤や精神風土への思いが、とりもなおさず「帰属」の意味である。

本書は森と人と仕事の根源的な結びつきをとらえ、盗伐の問題に深く斬り込んでいる。

まず第1部（「根（ルーツ）」）では、禁猟や自然保護で土地利用を禁じられた者たちの抵抗が盗伐の始まりだったと述べている。第2部（「幹(トランク)」）では、失業から薬物依存へ、地域崩壊へと、ネガティブ・フィードバックを絵に描いたような社会構造が展開する。さらに第3部（「林冠(キャノピー)」）では、アマゾンの熱帯雨林と米国、そして世界をむすぶ木材闇市場の実態が暴き出される。

重苦しい描写ばかりではない。町ぐるみで金策に励み、「ピーナッツ・コンボイ」へと立ち上がった素晴らしきトラック野郎のロガーたち。全身サーモンに扮して北カリフォルニアの川を下り、密漁者たちに奇襲を仕掛けるレンジャー。天然殺虫成分に卒倒してまで違法木材を追い詰める化学者——。彼らの命がけの攻防を物語るエピソードは、原生林の呼び声をそのままに抱き取った躍動感がある。

口承史家でもある著者リンジー・ブルゴンは、こうした人物群像へのインタビューと現場取材を積み重ね、盗伐の真実を明らかにしていく。その長い旅へと著者を駆り立てたものは、地元ブリティッシュ・コロンビア州で盗伐を目撃した原体験から来る、素朴で生々しい問いだった。

レッドウッドの森の圧倒的な美しさに囲まれて暮らす人が、なぜその森を愛しながら同時に殺すこともできるのか。

「帰属」というキーワードは、こうした疑問への答えでもある。そしてこの答えに行き着くまでの検証は、西海岸原生林の九五パーセント喪失という、法外な代償を支払って人類が手にした教訓への旅でもあった。

本書が一面的な社会批判や、単なる犯罪ルポではないしるしに、著者はオルタナティブな林業のあり方として「コミュニティ・フォレスト」にも注目している。これは地域住民が担い手となり、自らの森林を守り育てていく活動であり、新しい森づくりによる雇用創出の提案といえる。

さらにこうした全体構成を私たちが知ることによって、扉辞に引用されたレイモンド・ウィリアムズの「われわれは人と大地の働きを分かつことができない」という意味の一行は、本書のテーマをこの先も長きにわたって見照らす灯台のような存在感を放つこととなる。

北米の原生林は、いまも皆伐され、盗伐され続けている。森林認証のための書類が捏造され、市場に出回る膨大な木材についても、本書では具体的な数字をあげて指摘している。また日本では、北米から輸入される木質ペレットが非効率なバイオマス発電の燃料となっている。ＦＩＴ制度を通じて、これには一人ひとりの電気料金が使われている。近年ではペレット需要に供給が追いつかず、端材ではなく丸太をペレットにしている現状もあり、森林伐採サイクルを加速させることによって、CO_2を余分に排出している。そもそもバイオマス発電とは、生態学が本来定義するバイオマスの意味を偏狭に転用した行政用語だ。「バイオ」や「カーボンニュートラル」といった響きが、まるでどんな場合にも生態系と調和するかのような誤解すら助長しかねない。

こうした一例を見ても、自然破壊の少なからぬ部分は、皮肉にも自然に対する私たち一人ひとりのオブセッションが呼び水となっている。誰もが原生自然に、生物多様性に、地球生命圏に、もはや完全には満たしようのないこだわりを押しとどめながら生きている。再生に向けて、この意識を正しくセットし直すことが将来世代に対する現代人の務めである。

樹木を愛することは、木材と林業の置かれた厳しい状況への責任をともなうことも忘れてはならないだろう。ただでさえグローバル・サプライチェーンを通じていつでも木材製品を取り寄せ、木への愛着を満たせる私たちにとって、「樹盗」は限りなく身近な行為なのだから。

本書の翻訳にあたり、築地書館の土井二郎氏に多大な恩恵を賜った。ここに心よりお礼を申し上げたい。

二〇二三年一月

門脇　仁

用語解説

［ア行］

アラスカ製ミル

小型で持ち運びができ、チェーンソーを備えた製材機。1～2名で操作し、丸太を材木に製材できる。

［カ行］

皆伐

成長していたすべての樹木を伐り倒して除去する伐採。

カットブロック

厳正に区画を定めたうえで伐採を許可した林地。

キャットスキナー

キャタピラートラクターの操縦者。

グースペン

大人の男性ひとりが泊まるれる大きさにくり抜かれた幹。

グリーンチェーン

製材所で使われる材木搬送システム。「グリーンチェーンを引く」とは、最終製品としての製材を集め、等級や種類ごとに決められた割合で運ぶこと。

木立ち

大きさ、年齢、広がりが比較的小規模な樹木の集まり。

木挽き

木を伐り倒したあとで一定の長さの用材にすること。

コピシング

樹木を地面付近の長さまで切り戻して成長を促進するとともに、伐った木を薪や木材にすること。萌芽更新。

コード

128立方フィート（約3.62立方メートル）の木材。

［サ行］

サルベージセールの土地

伐採用に売られる、枯れ木や枯れそうな木をもつ林地の区画。

心材

木材の中心部分。デュレイメンと呼ぶこともある。

男所帯（スタグ）キャンプ

近代の伐採業の仕事場のひとつ。通常は川沿いに建てられ、宿泊設備や炊事施設がある。

スナッグ

立ち枯れをした木。

スプリットランバー

輪切りにするのではなく、木目に沿って切り分けられた木材。割材。

スラブ

丸太や板材から切り落とされる外側の部分。

製材所

丸太を材木に製材する工場。

［タ行］

ターニング

轆轤（ろくろ）を用いて木を造形すること。

チョーカー

1本または複数の丸太にくくりつけ、運べるようにする短いワイヤケーブル。

鳥眼杢

木目のなめらかな線が分散し、鳥の目を散りばめたように見える、木の断面の特徴的で高価な模様。

ツリースパイキング

木の伐採用器具や、伐採して得られた木の品質、あるいはその両方を破損させる目的で、木の幹に大きな釘を挿し込む行為。

［ナ行］

二次的成長

一次林が伐採された後、それに代わる森林の成長をいう。

［ハ行］

伐採ライン

森林をまっすぐな線に沿って皆伐しようとした結果としてできる区画線。所有地の境界を正確にわからせる手段であることが多い。

羽目板や屋根板

どちらも先が細くなっている木材を長方形に切り分けた板。相互に交換可能な使い方をする用語。羽目板を意味する shakes は、年輪と年輪のあいだで亀裂が生じたり割れたりするのを表すこともある。

フェリングウェッジ

伐採中の木が切り口でチェーンソーを挟んで締めつけないようにする、分厚いプラスチック器具。従来、斬り込んだ方向へ木が倒れるようにするために用いられてきた。

縁取り鋸

縁の粗い材木をまっすぐでなめらかにする鋸。

腐葉床

植生の一形態。枯れ葉や小枝や丸太などに覆われた林床。

ブランク

彫って工芸品を作ることのできる木塊。

ボードフィート

材木体積の計測単位。1ボードフィートは長さ・幅・厚みが各1フィート（38.48センチ）の板の体積に相当する。

［ミ行］

ミュージックウッド

「トーンウッド」とも呼ばれ、弦楽器のボディや指板やブリッジを作るために使われる原料。

原注

（本文中の〔原注〕参照）

第1章

1. 北米では、毎年10億ドル相当の木が違法伐採される　10億ドルはAP通信の2003年の報道にもとづいて判断された数字。違法木材取引に関する文献で広く用いられている。

2. 森林局は、用地から盗伐される木の価値を年間1億ドルとした　1億ドルは1990年代に森林局がおこなった調査にもとづく数字。それよりも近年の調査は実施されていない。森林局の職員は現在もこの数字を基準にしている。

第2章

1. イングランド中部地方の森の端に立つ石造りの建物に11名の人々が入り、召集された裁定の場に立った　記録では大部分の盗伐者が男性だったことがわかる（これは現在も一般にはそうである）が、この日は女性も含まれていた。

2. コースの森　コースローンとしても知られるイギリスの森。

3. 王室森林司法官　イングランドにはいまでも、ディーンの森、エッピングフォレスト、ニューフォレストの3カ所に、王室森林司法官をともなうスワニモートが存在する。

4. 女装した男　この男は自らを「レディー・スキミントン」と名乗っていた（訳者注・スキミントンとは、不貞な夫や口うるさい妻に仮装した者を村中引きまわして笑いものにしたイギリスの行事）。

第3章

1. 「もし獲物の肉がなければ、ふたり以上の世帯はほとんど餓死してしまう」　Karl Jacoby著 *‘Crimes Against Nature’*（自然への犯罪）より。

2. フロンティアの伝統　たいへん皮肉な行為だが、自然保護活動家ジョン・ミューアの父親は、ウィスコンシン州の家のまわりの土地で盗伐をしたこともあった。

3. 効率的な重機　伐採の安全性が高まったとはいえ、林業はいまも世のなかで最も危険な職業のひとつである。伐採業の一家に対する社会科学者ルイーズ・フォートマンのインタビューに、ある伐採業者の妻が語ったことには、夫が事故死しなかったのを神に感謝しているという。1976年、林業の死亡者数はこの地域の警察官や消防士をうわまわった。

4. 優生学論者　ハンボルト郡のプレーリー・クリーク州立公園にそれ以前に建っていたマディソン・グラントのモニュメントは、2021年6月に撤去された。

第4章

1. 米国議会国立公園・レクリエーション委員会分科会のカリフォルニア州北部ツアー　レッドウッド製の議長用小槌をもって出席したコロラド州のウェイン・アスピナル議長の引率によるツアー。

第5章

1. 再訓練プログラムは遅れが生じていた　ある作業員はサミットの出席者たちに、「私は14歳で林業の伝統技を覚えたんです」と説明していた。

2. 「樹木を抱く者（ツリーハガー）」　明らかにこの言葉のルーツは、1970年代インドのチプコ運動

に参加していたエコフェミニストたちの抗議にある（訳者注・チプコ運動はインド北部で女性たちが木に抱きつくことによって森林伐採に抵抗した運動。チプコはヒンドゥー語で「抱きつく」の意）。

第 6 章

1. 木塊　この木塊から生えた若木まで密採している例があるが、それをおこなった者に罰が下ったことを示す文献はない（訳者注・ここでいう木塊は、火災や干ばつなどにさらされた地域の植物の地表付近や地下にできる ligno-tuber という丸い瘤を意味する）。

第 7 章

1. 1970 年、クックの家族はテネシー州からカリフォルニア州北端へ　クック家がオリックに到達した正確な年については不明な点もある。テリー・クックとガルシアはどちらもその年を 1970 年と記憶していたが、2019 年にクックは自分が 58 年間オリックに住んでいると語った。つまり家族でオリックにやって来たのは 1961 年ということになる。1970 年以前のオリックでのクック家についての記録はない。

2. ジョンが会社を畳んだため　ジョン・ガフィーが会社を閉鎖したのは、機材の維持管理費や度重なる技術更新を維持したいと思わなかったためだった。

3. 俺といっしょに仕事をするまで　ガルシアはこれには異論があり、「見習いだった頃」にはもっと多くを学んだといっている。

4. 立ち木を盗伐した最初だった　ガフィーと二度話したあと、私は彼と会うことができなくなった。

5. ガルシアはオリックに戻ったという噂　ふたりにはいまもワシントン州で逮捕状が出ている。

第 9 章

1. 50 年前、あるいはその前から　地元の歴史家たちも、最低このぐらいの期間はバールが採られてきたことを確証している。

2. 女性用のカツラとサングラス　ガフィーはそれが変装した自分だったことを否定も肯定もしなかった。

3.「ツリー・オブ・ミステリー」という店名のクラマスのバールショップ　ツリー・オブ・ミステリーの経営者は、この件についてのインタビュー要請に応じなかった。

第 10 章

1. キャンプ場を一斉撤去　会合がおこなわれたことは確認していないが、これは地元の語り草となっている。

第 11 章

1. オリックの貧困率は 2021 年に 26 パーセント　ハンボルト郡の貧困率は常にカリフォルニア州の平均をうわまわっている。

第 12 章

1. ダニー・ガルシアからの留守電メッセージ　ガルシアはこうした会合と会話が発生したことを否定しているが、公式文書には記されている。

第 13 章

1. ダニー・ガルシアとともにヒドゥンビーチで盗伐　ガルシアはヒューズをよく知っているという。「でもいいたいのは、じつにいろんなことを俺たちはいっしょにやった。俺たちふたりでやったんだ」。

2.「ビーチを恵んでくれりゃ、森へいかなくても済む」　ガルシアもこの言葉には同意する。

3.「本気でトロイの後釜になろうとしてるのか？」　ペローはこのやりとりについては覚えがない。

4.「明らかに俺が捜査されてる。とんでもないぜまったく！」　続く数年間にほかの事件で捜査されることになるのと同様、ヒューズはこの事件でも実際に捜査されて

いた。
5. リン・ネッツは公園の教育センターの職を解雇された　スティーブン・トロイが、ふたつの公園でさまざまな部署のトップにリンを雇わないよう告げたと、リン・ネッツはいっている。

第14章

1. 海外市場向け　カマダはホテルの一室に踏み込んだときのことを覚えている。大量の多肉植物がクーラーボックスに入れられ、家具のうえに散乱していた。
2. ワンセットの古い鍵　ヒューズはその鍵を、あまり記憶にない「ある男」から受け取ったのだと、のちに調査員に語っている。
3. チャールズ・フォークト　フォークトは本書のインタビューに応じなかった。

第16章

1. ショーン・ウィリアムズ　ニックネームは「トール」(北欧神話で雷や戦争などの神)。がっしりしたスーパーヒーローの体格と縮れた長髪で、確かにそのようにも見える。

第17章

1.「これについてクロン博士はどう考えるんでしょうか」　クロンの仕事はたいへんに信頼性が高い。そのDNA分析が偶然の一致によって導き出される確率は、10^{36}の1と極少である。

第18章

1. コロラド州の自宅にある彼のキッチンで　2019年のこのインタビューに答えてくれた1年後、テリー・グロスは他界した。

第21章

1. アイルランドの環境保護活動家ロリー・ヤング　ヤングは2021年、盗伐自警団に付き添ってブルキナ・ファソを旅行中、二人のジャーナリストとともに殺害された。

第22章

1.「やらされた」のだとほのめかした　事件ファイルには、このことに触れた記述がない。ただしヒューズは、ラリーがヒューズについてのレンジャーへの情報提供に関わっていたと主張している。

訳注

（本文中の＊印参照）

［プロローグ］

レッドウッド

代表的な樹種は、ヒノキ科セコイア属の常緑針葉樹センペルセコイア。ほかにセコイアデンドロン、メタセコイアなども含め、北米大陸太平洋岸北西部の原生林レッドウッズを構成する樹種を本書ではレッドウッドと総称している。

なお、本書では樹種名について、原文に種名が書かれているものは対応する和名（カタカナまたは漢字）に置き換え、属レベルまでの場合は「モミ」、「ツガ」などの一般名称とした。レッドウッドはこの点の例外で、日本では「セコイア」の名で知られているが、現地での文化的・歴史的な愛着と存在感をとどめる「レッドウッド」で統一した。レッドシダー、ローズウッドなども同様である。

［第１章］

原生林

本来の意味は、人の手がまったく加わっていない原生自然の森林。本書ではとくに、北米大陸のオールドグロスを意味する。「老成樹」や「老齢林」とも訳されるオールドグロスは、樹齢としては100年以上を経ていて、100年未満のヤンググロスと区別される。

レッドシダー

北米の太平洋岸北西部ではウェスタン・レッドシダー（ベイスギ）のこと。シダーはマツ科ヒマラヤスギ属の針葉樹の総称。

違法伐採者

本書ではpoacher（盗伐者）とillegal logger（違法伐採者）を区別して用いている。poacherは、狩猟動物については密猟者、樹木については盗伐者、水産物については密漁者、樹木以外の林産物については密採者と、盗みの対象によって変化する。一方illegal loggerの場合、盗みの対象は木材に限られているが、伐採業者だけでなく製材企業や木材ブローカーまで含むことがある。さらに原著のタイトルでもあるtree thieves（樹盗）は、樹木と窃盗に介在する社会層や文化的背景、人の暮らしや生きざまなどを包摂した呼び名として用いられている。

ホワイトオーク

米国産ブナ科コナラ属の落葉広葉樹。

アリゲーター・ジュニパー

メキシコ中部と北部、米国南西部に自生するヒノキ科ビャクシン属の針葉樹。和名ワニカワビャクシン、キッコウビャクシン。

コアの木

ハワイ産マメ科の木。材木は建材や家具材に利用される。

１ドル

約133円（2023年3月15日為替レート）。

ロングリーフパイン

北米原産マツ科の常緑高木。別名サザンイエローパイン、ジョージアイエローパイン。和名ダイオウショウ、ダイオウマツ。

ナショナルモニュメント

アメリカ大統領が遺跡保存法にもとづいて指定し、連邦政府が管理する国定記念物。天然記念物・歴史的建造物・史跡などが含

まれる。

用材地

林業用地のうち、建築材・家具材・パルプ材などに使用される木材を植林・収穫する土地。

保護

環境行政では、天然資源を活用し、環境と人間が共存しながら自然を守っていく保全（conservation）に対し、人間が介入せず手つかずの状態で自然を守ることを保護（protection）と呼んで区別する場合がある。ここでは後者の「保護」を強調している。

大聖堂の解釈や、屹立する廃墟

ゴシック建築の大聖堂の構造には、聳え立つ荘厳な樹木との共通性がしばしば指摘される。また手斧や槌をもって樹木を伐り倒す行為は、旧約聖書の「詩篇」に記されたバビロン軍によるエルサレム陥落時の神殿破壊に喩えられることがある。

［第 2 章］

コモナー

コモンズ（共有地）を利用する者。

ゴブリンオーク

ブナ科の一種。正式名称ではなく地域的な愛称。

フォレスト

中世イギリスでは狩猟のための王室保有地。

フォレスト法

ウィリアム征服王が制定した法。狩猟のための林地確保を目的としていたため、御猟林法とも訳される。

スネア、トリップワイヤ、マントラップ

この 3 つはそれぞれ、鳥・獣・人を捕獲する罠。

［第 3 章］

コード

米国やカナダで用いられている燃料用木材やパルプ材の材積単位。1 コードは 128 立方フィート（3.62 立方メートル）。

トイオン

バラ科アカナメモチ属の常緑低木。

ポール・バニヤン

アメリカの民間伝承で知られる巨人のきこり。口承史家のベン・C・クロウによれば、19 世紀末にはカナダ東部やアメリカ北東部のロガーたちのあいだで原型ができていた。挿絵などから判断される身長は数十メートルもあり、青い牡牛（ベイブ・ザ・ブルー・オックス）をつき従え、一日ひとつの山林を伐り倒したり、世界一の油田を掘り起こしたりする。

拡大家族

通例 3 世代以上の同居家族。

ギルバート・グロブナー（1875–1966）

ナショナルジオグラフィックの初代常勤編集者。1915 年に『セコイア』を発表した当時は編集長。1920 年に会長となった。「フォトジャーナリズムの父」とも呼ばれる。

ウィリアム・ウォルドフ・アスター（1848–1919）

アメリカとイギリスで活躍した実業家、政治家。慈善事業や大学への寄付をした功績によって、1917 年に爵位を授与される。

ギフォード・ピンショー（1865–1946）

アメリカの森林管理官、政治家。科学的森林管理と林業収益性を重んじた「賢明な利用」（wise use）にもとづく森林保全を推進し、農務省国有林管理部門の初代長官やペンシルヴァニア州知事などを歴任。

クルーズ

木材産出量見積もりのための森林踏査。

数字

ここでは利用可能な木の総量。

［第 4 章］

ロガー

本書ではほとんどの場合「伐採業者」と訳したが、職業的な愛着をともなう箇所では「ロガー」または「木こり」としている。

後者は職業差別防止の視点にもとづく放送禁止用語でもあるが、「ロガー」と同様、林業文化の伝統を背景として語られる場面に限りこの語を用いることにした。

楽観主義管理の陰謀

第二次世界大戦後の数十年間、環境容量を考慮しない産業発展が世界的に続いた。これを「楽観主義の陰謀(conspiracy of optimism)」と呼ぶことがある。日本の公害がピークを迎えたのもこの時期に相当する。大規模な自然破壊を含め、この頃に始まる問題は現在にまで影響しているものが少なくない。

ルイジアナ・パシフィック社

米国の建材製造会社。

ヘイトアシュベリー

1960年代にカウンター・カルチャーとしてのヒッピー運動が生まれたカリフォルニア州サンフランシスコ中心部の地区。

「大地へ帰れ運動」

1960年代と70年代にフランスやアメリカで起こった社会運動。都市の消費生活を捨て、おもに農村で自給自足の暮らしをおこなう。

CBラジオ

一般市民が通信に利用できる市民周波数帯のラジオ。CBはcitizens bandの略。

[第5章]

バイオリージョン

比較的大きな地理的環境(環太平洋、アマゾン川流域など)を共有する生態学的集合体としてのエコリージョンや、生物地理学的な特徴を共有する生物圏としてのバイオリージョンと異なり、ここでいうバイオリージョンは生態系、ライフスタイル、文化などを共有する地域の社会的な基本単位を意味する。

ジャンクボンド

利回りは高いが紙くずになるリスクも高い債券のこと。

『モンキーレンチギャング』

コロラド川の急流下りで出会った4人の男女が、雄大なコロラド高原を舞台に巨大ダムのグレンキャニオンの爆破を企てるネイチャー・ハードボイルド小説。アースファースト!の活動の原型をしめしたとされる。エドワード・アビー作。邦題は『爆破――モンキーレンチギャング』(築地書館)。

ツリーシッティング

樹木伐採に対する環境保護団体の抵抗運動の一形態。木からプラットフォームを吊るすなどして座り込み、伐採されないようにする。1990年代後半、パシフィック・ランバー社は登山家を雇ってハンボルト郡のツリーシッターを強制的に撤退させたことがある。

[第6章]

グレイハウンド

米国最大規模のバス会社。同社が運行する格安長距離バスの通称でもある。アラスカとハワイを除く合衆国全土、カナダとメキシコの一部を結ぶ膨大な路線をもつ。

「シャーマン将軍の木」

カリフォルニア州バイセイリアのセコイア国立公園内にある樹高83メートルのセコイア・デンドロン。

ハイペリオン

カリフォルニア州北部のレッドウッド海岸にある樹高115メートルのセンペルセコイア。世界一の巨木といわれる。

レディ・バード・ジョンソン・グローヴ

レッドウッド国立・州立公園内のトレイル。第36代米国大統領リンドン・ジョンソンの妻で環境保護活動家だったクラウディア・アルタ・テイラー・ジョンソンが国立公園除幕式典に参加したことを記念し、彼女の愛称「レディ・バード」(テントウムシ)を含むこの名がついた。

トール・ツリーズ・トレイル

レッドウッド国立・州立公園内のトレイ

ル。樹高100メートルを超えるレッドウッドが数多くある。

カルス

樹皮肥厚。樹木が損傷したとき、傷口に未分化状態の細胞が固まって形成する癒傷組織。

ジャックパイン

バンクスマツ。マツ科マツ属の常緑針葉樹。北米大陸に広く分布。

「ウッド・ワイド・ウェブ」

インターネットを意味するworld-wide-webをもじり、世界を菌根菌を通してつながるwood-wide-web（ウッド・ワイド・ウェブ）に喩えたNature誌（1997年8月号）による造語。ブリティッシュ・コロンビア大学教授のスザンヌ・シマードらが提唱。

［第8章］

ヨギ・ベア

アメリカのテレビ漫画。カンカン帽にネクタイを着けたクマのヨギ・ベアが、レンジャーの隙をついて国立公園から脱出しようとする。

［第9章］

リタリン

メチルフェニデート。中枢神経刺激剤。

メタンフェタミン

中枢神経興奮作用のある化学物質。強い精神依存性があり、薬物濫用が問題視されている。「メス」、「クリスタル・メス」とも呼ばれ、原文でもmethという略語で統一されている。日本ではこの呼び方は通例でないため、訳語は「メタンフェタミン」で統一した。

SUV

sports utility vehicle（スポーツ用多目的車）の略。

ルーズベルト・エルク

オオジカを意味する米国のエルク（またはワピチ）のうち西海岸に生息する一種。自然保護に熱心だったセオドア・ルーズベルトにちなんでこう呼ばれる。

ガーゴイル

ゴシック様式やロマネスク様式の建造物に見られる、雨樋の機能をもち、動物や怪物をかたどった彫刻。

ベイブ・ザ・ブルー・オックス

ポール・バニヤンの項（第3章）参照。

［第10章］

ウッドターナー

ターニングの作り手。木地師。

サーフフィッシング

海岸からキャストするルアーフィッシング。

グランピング

「グラマラス」と「キャンピング」を融合した造語。高級リゾートの擬似自然体験型の宿泊形式を指す。

［第11章］

バナナスラッグ・ダービー

カリフォルニア州に生息する、バナナに似たナメクジの「バナナスラッグ」を子どもたちが競争させる催し。

メスハウス

メタンフェタミンをはじめとする違法薬物の製造現場。

アンフェタミン

メタンフェタミンと同じく、中枢神経興奮作用のある化学物質。

「戦力増強剤」

これはいわゆる「ヒロポン」で、アンフェタミンではなくメタンフェタミン。

オピオイド

中枢神経や末梢神経にあるオピオイド受容体に作用して鎮痛や陶酔などの効果をもたらす化合物の総称。

「カトリック、バプティスト、そしてクリスタルメス」

キリスト教の一宗派で信仰覚醒運動の中心を担ったクリスタルメソジストと、覚醒剤メタンフェタミンのクリスタルメスを掛けたブラックジョーク。

オキシコンチン
オキシコドン塩酸塩水和物。オピオイド系の鎮痛剤として使われる。

フェンタニル
オピオイド受容体（オピオイド参照）に選択的に作用するピペリジン系合成麻薬性鎮痛薬。

「グロー・オプス」

麻薬が違法に栽培されている場所。ウィード・オプスともいう。

［第 13 章］

マドロナ
北米のツツジ科常緑低木。家具や内装材に使われる。マドローネやウバスともいう。
硬材
比較的比重の高い広葉樹のナラ、ブナ、トネリコ、カエデ、チーク、マホガニー、黒檀などが、加工しやすいためにこう呼ばれる。一方、軟材はレッドウッドやベイヒバなどの針葉樹に多い。
「妖精の輪」
菌環。キノコが林床や草地などで環状に発生することからついた呼び名。ヨーロッパの民間伝承では妖精たちのダンスの場となる。

［第 14 章］

ブラスナックル
格闘のときにはめる金属製のこぶし当て。
ビルトモアスティック
林業で幹の直径を測るのに使われる器具。

［第 15 章］

王立カナダ騎馬警察
カナダ連邦政府の国家警察・連邦警察。
チップライン
警察が市民からの情報提供を受け付ける電話番号。
ブリティッシュ・コロンビア州本土
バンクーバー島に対し、大陸側のブリティッシュ・コロンビア州をこう呼ぶ。

［第 17 章］

米国魚類野生生物局法医学研究所
米国魚類野生生物局が運営する野生生物の法医学研究所。動物の死因や植物種の鑑定など、科学研究を通じて野生生物に関する法執行を担う世界唯一の研究機関。
一塩基多型
DNA のなかのひとつの塩基が他の塩基に入れ替わったもの。
遺伝子マーカー
ある性質をもつ個体に特有の DNA 配列。生物個体の遺伝的な性質や系統の目印となる。

［第 18 章］

アガーウッド
沈香（じんこう）。熱帯アジア原産ジンチョウゲ科ジンコウ属の常緑高木。
より広い体系
ここでいう「ヨーロッパにおける知の枠組み」とは、動植物のすべてを分類体系化しようとする自然史学（博物学）の隆盛期（17〜18 世紀ヨーロッパ）を背景とする。一方で「より広い体系」は、リンネやジョン・レイといった当時の博物学者たちのキリスト教的な自然観・世界観と関わりがある。リンネは『自然の体系』を「神の創造した自然界の完璧な秩序を讃える」ために著したとされ、現代の生態系倫理につながる自然観とはまだひらきがあった。

DART（リアルタイム直接質量分析）

前処理をおこなうことなく、直接イオン化することで試料を質量分析する方法。

［第 19 章］

マドレ・デ・ディオス県

ペルー南東部の県。熱帯雨林とマドレ・デ・ディオス川による豊かな生物多様性や、硬質材を量産することで知られる。

ペルーソル（またはソル）

約 34.7 円（2023 年 3 月 15 日為替レート）。

アイアンウッド

インドネシアやマレーシア原産のクスノキ科広葉樹。ウリン、カバノキ、鉄樹とも呼ばれる。超硬質材で、線路の枕木にも使われる。

［第 20 章］

ウカヤリ

ペルー東部の県。アマゾン川源流、ウカヤリ川の上流域と中流域を占める。熱帯雨林が豊富。リマとのあいだの道路建設（1945 年）をきっかけに、急速に人口が増加。

［第 21 章］

カーボンシンク

森林や海洋など、空気中の二酸化炭素を吸収する（炭素貯留）環境や、炭素貯留のプロセスそのものをいう。

ホブソンの婿選び

選択肢がいくつもあるように見えて、実際にはひとつしかない状況のたとえ。トマス・ホブソンという貸し馬屋が、客に馬を選ばせず厩の手前から順に貸していたという言い伝えに由来。

オンブレ効果

色に段階的に濃淡をつけ、ぼかし効果を出すこと。

参考文献

（和訳があるものはカッコで示した）

扉辞

Williams, Raymond. "Ideas of Nature," in *Culture and Materialism: Selected Essays*. London: Verso, 2005.

プロローグ

Author's personal notes and photographs, Sept. 2019.
Court filings, "People of the State of California v. Derek Alwin Hughes." Case no. CR1803044, accessed Dec. 2020.
Goff, Andrew. "Orick man arrested for burl poaching, meth." *Lost Coast Outpost*（Eureka, CA）, May 17, 2018.
Pero, Branden. Interviews with the author, Sept. 2019 and Sept. 2021.

第１章

Alvarez, Mila. *Who owns America's forests?* U.S. Endowment for Forestry and Communities.
"Arkansas man pleads guilty to stealing timber from Mark Twain National Forest." *Joplin*（*MO*）*Globe*, Apr. 21, 2021.
Atkins, David. "A Tree-fecta' with the Oldest, Biggest, Tallest Trees on Public Lands." United States Department of Agriculture Blog, Feb. 21, 2017. https://www.usda.gov/media/blog/2013/08/23/tree-fecta-oldest-biggest-tallest-trees-public-lands.
Benton, Ben. "White oak poaching on increase amid rising popularity of Tennessee, Kentucky spirits." *Chattanooga*（*TN*）*Times Free Press*, Apr. 4, 2021.
Carranco, Lynwood. "Logger Lingo in the Redwood Region." *American Speech* 31, no. 2（May 1956）.
Closson, Don. Interview with the author, Sept. 2013.
Convention on International Trade in Endangered Species of Wild Flora and Fauna. *The CITES species*, https://cites.org/eng/disc/species.php.
"800-year-old cedar taken from B.C. park." Canadian Press, May 18, 2012.
Frankel, Todd C. "The brown gold that falls from pine trees in North Carolina." *Washington Post*, Mar. 31, 2021.
Friday, James B. "Farm and Forestry Production and Marketing Profile for Koa（*Acacia koa*）," in *Specialty Crops for Pacific Islands*, Craig R. Elevitch, ed. Holualoa, HI: Permanent Agriculture Resources, 2010.
Golden, Hallie. "'A problem in every national forest': Tree thieves were behind Washington wildfire." *Guardian*（London）, Oct. 5, 2019.
Government of British Columbia. Forest and Range Practices Act. https://www.bclaws.gov.bc.ca/civix/document/id/complete/statreg/00_02069_01#section52.
International Bank for Reconstruction and Development/The World Bank. *Illegal Logging, Fishing, and Wildlife Trade: The Costs and How to Combat It.* Oct. 2019.
Kraker, Dan. "Spruce top thieves illegally cutting a Northwoods cash crop." *Marketplace*, Minnesota Public Radio, Dec. 23, 2020.
Neustaeter Sr., Dwayne. "The Forgotten Wedge." Stihl B-log. https://en.stihl.ca/the-

forgotten-wedge.aspx.
North Carolina General Statutes. 14-79.1. *Larceny of pine needles or pine straw.* https://www.ncleg.net/EnactedLegislation/Statutes/HTML/BySection/Chapter_14/GS_14-79. 1.html.
Pendleton, Michael R. "Taking the forest: The shared meaning of tree theft." *Society & Natural Resources* 11, no. 1 (1998).
Peterson, Jodi. "Northwest timber poaching increases." *High Countny News* (Paonia, CO), June 8, 2018.
Ross, John. "Christmas Tree Theft." *RTE News*, aired Nov. 8, 1962. https://www.rte.ie/archives/exhibitions/922-christmas-tv-past/287748-christmas-tree-theft/.
Salter, Peter. "Old growth, quick money: Black walnut poachers active in Nebraska." Associated Press, Mar. 10, 2019.
Stueck, Wendy. "A centuries-old cedar killed for an illicit bounty amid 'a dying business.'" *Glohe and Mail* (Toronto), July 3, 2012.
Sullivan, Olivia. "Bonsai burglary: Trees worth thousands stolen from Pacific Bonsai Museum in Federal Way." *Seattle Weekly*, Feb. 10, 2020.
"Three students cited in theft of rare tree in Wisconsin." Associated Press, Mar. 30, 2021.
Trick, Randy J. "Interdicting Timber Theft in a Safe Space: A Statutory Solution to the Traffic Stop Problem." *Seattle Journal of Environmental Law* 2, no. 1 (2012).
Troy, Stephen. Interview with the author, Aug. 2018.
United States Department of Agriculture. *Who Owns America's Trees, Woods, and Forests? Results from the U.S. Forest Service 2011-2013 National Woodland Owner Survey.* NRS-INF-31-15. Northern Research Station, 2015.
United States Department of Agriculture, Forest Service, Southwestern Region. "Public Comments and Forest Service Response to the DEIS, Proposed Prescott National Forest Plan." Albuquerque, NM, 1987.
Van Pelt, Robert, et al. "Emergent crowns and light-use complementarity lead to global maximum biomass and leaf area in Sequoia sempervirens forests." *Forest Ecology and Management* 375 (2016).
Wallace, Scott. "Illegal loggers wage war on Indigenous people in Brazil." nationalgeographic.com, Jan. 21, 2016.
Wilderness Committee. "Poachers take ancient red cedar from Carmanah-Walbran Provincial Park." May 17, 2012. https://www.wildernesscommittee.org/news/poachers-take-ancient-red-cedar-carmanah-walbran-provincial-park.
Woodland Trust. "How trees fight climate change." https://www.woodlandtrust.org.uk/trees-woods-and-wildlife/british-trees/how-trees-fight-climate-change/.
World Wildlife Fund. "Stopping Illegal Logging." https://www.worldwildlife.org/initiatives/stopping-illegal-logging.

第2章

Bushaway, Bob. *By Rite: Custom, Ceremony and Community in England 1700-1880.* London: Junction Books, 1982.
Hart, Cyril. *The Verderers and Forest Laws of Dean.* Newton Abbot: David & Charles, 1971.
Hayes, Nick. *The Book of Trespass: Crossing the Lines That Divide Us.* London: Bloomsbury Publishing, 2020.
Jones, Graham. "Corse Lawn: A forest court roll of the early seventeenth century," in Flachenecker, H., et al., *Edition-swissenschaftliches Kolloquium 2017: Quelleneditionen zur Geschichte des Deutschen Ordens und anderer geistlicher Institutionen.* Nicolaus Copernicus University of Toruń, Poland, 2017.
Langton, Dr. John. "The Charter of the Forest of King Henry III." St. John's College Research Centre, University of Oxford. http://info.sjc.ox.ac.uk/forests/Carta.htm.
———. "Forest vert: The holly and the ivy." *Landscape History* 43, no. 2 (2022).

Million, Alison. "The Forest Charter and the Scribe: Remembering a History of Disafforestation and of How Magna Carta Got Its Name." *Legal Information Management* 18 (2018).

Perlin, John. *A Forest Journey: The Story of Wood and Civilization.* Woodstock, VT: The Countryman Press, 1989.（ジョン・パーリン『森と文明』安田喜憲，鶴見精二 訳　晶文社　1994）

Rothwell, Harry, ed. *English Historical Documents, Vol. 3,* 1189-1327. London: Eyre & Spottiswoode, 1975.

Rowberry, Ryan. "Forest Eyre Justices in the Reign of Henry III (1216-1272)." *William & Mary Bill of Rights Journal* 25, no. 2 (2016).

Standing, Guy. *Plunder of the Commons: A Manifesto for Sharing Public Wealth.* London: Pelican/Penguin Books, 2019.

Standing, J. "Management and silviculture in the Forest of Dean." Lecture, Institute of Chartered Foresters' Symposium on Silvicultural Systems, Session 4: "Learning from the Past." University of York, England, May 19, 1990.

St. Clair, Jeffrey. "The Politics of Timber Theft." *CounterPunch* (Petrolia, CA), June 13, 2008.

Tovey, Bob, and Brian Tovey. *The Last English Poachers.* London: Simon & Schuster UK, 2015.

第３章

Akins, Damon B., and William J. Bauer, Jr. *We Are the Land: A History of Native California.* Oakland: University of California Press, 2021.

Andrews, Ralph W. *Timber: Toil and Trouble in the Big Woods.* Seattle: Superior Publishing, 1968.

Antonio, Salvina. "Orick: A Home Carved from Dense Wilderness." *Humboldt Times* (Eureka, CA), Jan. 7, 1951.

Barlow, Ron. Interview with the author, Oct. 2021.

Carlson, Linda. *Company Towns of the Pacific Northwest.* Seattle: University of Washington Press, 2003.

Clarke Historical Museum. *Images of America: Eureka and Humboldt County.* Mount Pleasant, SC: Arcadia Publishing, 2001.

Clarke Historical Museum interpretive gallery materials. Sept. 2019.

Coulter, Karen. "Reframing the Forest Movement to end forest destruction." *Earth First!* 24, no. 3 (2004).

Drushka, Ken. *Working in the Woods: A History of Logging on the West Coast.* Pender Harbour, BC: Harbour Publishing, 1992.

Fry, Amelia R. *Cruising and protecting the Redwoods of Humboldt: Oral histoiy transcript and related material, 1961-1963.* Berkeley, CA: The Bancroft Library, Regional Oral History Office, 1963.

Fry, Amelia, and Walter H. Lund. *Timber Management in the Pacific Northwest Region, 1927-1965.* Berkeley, CA: The Bancroft Library, Regional Oral History Office, 1967.

Fry, Amelia R., and Susan Schrepfer. *Newton Bishop Drury: Park and Redwoods, 1919-1971.* Berkeley, CA: The Bancroft Library, Regional Oral History Office, 1972.

General Information Files, "Orick," HCHS, Eureka, California.

Gessner, David. "Are National Parks Really America's Best Idea?" *Outside*, Aug. 2020.

Harris, David. *The Last Stand: The War Between Wall Street and Main Street over California's Ancient Redwoods.* New York: Times Books, Random House, 1995.

Jacoby, Karl. *Crimes Against Nature: Squatters, Poachers, Thieves, and the Hidden History of American Conservation.* Berkeley: University of California Press, 2001.

Lage, Ann, and Susan Schrepfer. *Edgar Wayburn: Sierra Club Statesman, Leader of the Parks*

and Wilderness Movement: Gaining Protection for Alaska, the Redwoods, and Golden Gate Parklands. Berkeley, CA: The Bancroft Library, Regional Oral History Office, 1976.

LeMonds, James. *Deadfall: Generations of Logging in the Pacific Northwest.* Missoula, MT: Mountain Press Publishing Company, 2000.

McCormick, Evelyn. *Living with the Giants: A History of the Arrival of Some of the Early North Coast Settlers.* Self-published, Rio Dell, 1984.

———*The Tall Tree Forest: A North Coast Tree Finder.* Self-published, Rio Dell, 1987.

"Millionaire Astor Explains About His Famous Redwood." *San Francisco Call*, Jan. 15, 1899.

O'Reilly, Edward. "Redwoods and Hitler: The link between nature conservation, and the eugenics movement." From the Stacks (blog). New-York Historical Society Museum and Library. Sept. 25, 2013. https://blog.nyhistory.org/redwoods-and-hitler-the-link-between-nature-conservation-and-the-eugenics-movement/.

Peattie, Donald Culross. *A Natural History of North American Trees.* San Antonio, TX: Trinity University Press, 2007.

Perlin, John. A Forest Journey: *The Stoiy of Wood and Civilization.* Woodstock, VT: The Countryman Press, 1989.（ジョン・パーリン『森と文明』安田喜憲，鶴見精二 訳　晶文社　1994）

Post, W. C. "Map of property of the Blooming-Grove Park Association, Pike Co., Pa., 1887." New York Public Library Digital Collections, https://digitalcollections.nypl.org/items/72041380-31da-0135-e747-3feddbfa9651.

Rajala, Richard A. *Clearcutting the Pacific Rain Forest: Production, Science and Regulation.* Vancouver: UBC Press, 1999.

Rutkow, Eric. *American Canopy: Trees, Forests, and the Making of a Nation.* New York: Scribner, 2012.

Sandlos, *Hunters at the Margin: Native People and Wildlife Conservation in the Northwest Territories.* Chicago: University of Chicago Press, 2007.

Schrepfer, Susan R. *The Fight to Save the Redwoods: A History of the Environmental Reform*, 1917-1978. Madison: University of Wisconsin Press, 1983.

Shirley, James Clifford. *The Redwoods of Coast and Sierra.* Berkeley: University of California Press, 1940.

Speece, Darren Frederick. *Defending Giants: The Redwood Wars and the Transformation of American Environmental Politics.* Seattle: University of Washington Press, 2017.

Spence, Mark David. *Dispossessing the Wilderness: Indian Removal and the Making of the National Parks.* Oxford: Oxford University Press, 2000.

St. Clair, Jeffrey. "The Politics of Timber Theft." *CounterPunch* (Petrolia, CA), June 13, 2008.

Taylor, Dorceta E. *The Rise of the American Conservation Movement: Power, Privilege and Environmental Protection.* Durham, NC: Duke University Press, 2016.

Tudge, Colin. *The Tree: A Natural History of What Trees Are, How They Live, and Why They Matter.* New York: Crown, 2006.（コリン・タッジ『樹木と文明――樹木の進化・生態・分類、人類との関係、そして未来』大場秀章 監訳　渡会圭子 訳　アスペクト 2007）

United States Department of the Interior. "The Conservation Legacy of Theodore Roosevelt." Feb. 14, 2020. https://www.doi.gov/blog/conservation-legacy-theodore-roosevelt.

Warren, Louis S. *The Hunter's Game: Poachers and Conservationists in Twentieth-Century America.* New Haven, CT: Yale University Press, 1999.

Widick, Richard. *Trouble in the Forest: California's Redwood Timber Wars.* Minneapolis: University of Minnesota Press, 2009.

Anders, Jentri. *Beyond Counterculture: The Community of Mateel*. Eureka, CA: Humboldt State University, August 2013.
Associated California Loggers. "Enough Is Enough," 1977. Humboldt State University, Library Special Collections. https://archive.org/details/carcht_000047.
Barlow, Ron. Interview with the author, Oct. 2021.
British Columbia Ministry of Forests and Range. "Glossary of Forestry Terms in British Columbia." March 2008. https://www.for.gov.bc.ca/hfd/library/documents/glossary/glossary.pdf.
Buesch, Caitlin. "The Orick Peanut: A Protest Sent to Jimmy Carter." *Senior News* (Eureka, CA), Aug. 2018.
California Department of Parks and Recreation. "Survivors Through Time." https://www.parks.ca.gov/?page_id=24728.
California State Parks. "What Is Burl?" https://www.nps.gov/redw/planyourvisit/upload/Redwood_Burl_Final-508.pdf.
Center for the Study of the Pacific Northwest. "Seeing the Forest for the Trees: Placing Washingtons Forests in Historical Context." https://www.washington.edu/uwired/outreach/cspn/Website/Classroom%20Materials/Curriculum%20Packets/Evergreen%20State/Section%20II.html.
Childers, Michael. "The Stoneman Meadow Riots and Law Enforcement in Yosemite National Park." *Forest Histoiy Today*, Spring 2017.
Clarke Historical Museum. "Artifact Spotlight: Roadtrip! The Orick Peanut," July 1, 2018. http://www.clarkemuseum.org/blog/artifact-spotlight-roadtrip-the-orick-peanut.
Cook, Terry, and Cherish Guffie. Interview with the author, Sept. 2019.
Coriel, Andrew, and Phil Huff. Interview with the author, July 2020.
Curtius, Mary. "The Fall of the 'Redwood Curtain.'" *Los Angeles Times*, Dec. 28, 1996.
Daniels, Jean M. United States Department of Agriculture, Forest Service. "The Rise and Fall of the Pacific Northwest Export Market." PNW-GTR-624. Pacific Northwest Research Station, Feb. 2005.
DeForest, Christopher E. United States Department of Agriculture, Forest Service. "Watershed Restoration, Jobs-in-the-Woods, and Community Assistance: Redwood National Park and the Northwest Forest Plan." PNW-GTR-449. Pacific Northwest Research Station, 1999.
Del Tredici, Peter. "Redwood Burls: Immortality Underground." *Arnoldia* 59, no. 3 (1999).
Dietrich, William. The Final Forest: *The Battle for the Last Great Trees of the Pacific Northwest*. New York: Penguin, 1992.
Food and Agriculture Organization of the United Nations. "North American Forest Commission, Twentieth Session, State of Forestry in the United States of America." St. Andrews, New Brunswick, Canada, June 12-16, 2000. http://www.fao.org/3/x4995e/x4995e.htm.
Frick, Steve. Interview with the author, Sept. 2019.
Fry, Amelia R. *Cruising and 'protecting the Redwoods of Humboldt: Oral history transcript and related material, 1961-1963*. Berkeley, CA: The Bancroft Library, Regional Oral History Office, 1963.
Fryer, Alex. "Chipping Away at Tree Theft." *Christian Science Monitor*, Aug. 13, 1996.
General Information Files, "Orick," HCHS, Orick, California.
Gordon, Greg. *When Money Grew on Trees: A. B. Hammond and the Age of the Timber Baron*. Norman: University of Oklahoma Press, 2014.
Guffie, John. Interview with the author, Oct. 2020.
Harris, David. *The Last Stand: The War Between Wall Street and Main Street over California' s Ancient Bedwoods*. New York: Times Books, Random House, 1995.

Humboldt Planning and Building. Natural Resources & Hazards Report, "Chapter 11: Flooding." Eureka, CA, 2002.
Johnson, Dirk. "In U.S. Parks, Some Seek Retreat, but Find Crime." *New York Times*, Aug. 21, 1990.
Lage, Ann, and Susan Schrepfer. *Edgar Wayburn: Sierra Club Statesman, Leader of the Parks and Wilderness Movement: Gaining Protection for Alaska., the Redwoods, and Golden Gate Parklands.* Berkeley, CA: The Bancroft Library, Regional Oral History Office, 1976.
"Loggers Assail Redwood Park Plan." *New York Times*, Apr. 15, 1977.
Loomis, Erik. *Empire of Timber: Labor Unions and the Pacific Northwest Forests.* Cambridge: Cambridge University Press, 2015.
Nelson, Matt. Interview with the author, Mar. 2020.
Pryne, Eric. "Government's Ax May Come Down Hard on Forks Timber Spokesman Larry Mason." *Seattle Times*, May 5, 1994.
Rackham, Oliver. *Woodlands*. Toronto: HarperCollins Canada, 2012.
Rajala, Richard A. *Clearcutting the Pacific Rain Forest: Production, Science and Regulation.* Vancouver: UBC Press, 1999.
Redwood National and State Parks. "About the Trees." Feb. 28, 2015. https://www.nps.gov/redw/learn/nature/about-the-trees.htm.
Redwood National Park. "Tenth Annual Report to Congress on the Status of Implementation of the Redwood National Park Expansion Act of March 27, 1978." Crescent City, CA, 1987.
"Redwood National Park Part II: Hearings before the Subcommittee on National Parks and Recreation of the Committee on Interior and Insular Affairs, House of Representatives. H.R. 1311 and Related Bills to establish a Redwood National Park in the State of California. Hearings held Crescent City, Calif., April 16, 1968, Eureka, Calif., April 18, 1968." Serial No. 90-11. Washington, DC: US Government Printing Office, 1968.
"S. 1976. A bill to add certain lands to the Redwood National Park in the State of California, to strengthen the economic base of the affected region, and for other purposes: Hearings Before the Subcommittee on Parks and Recreation of the Committee on Energy and Natural Resources." Washington, DC: US Government Printing Office, 1978. (*Via private library of Robert Herbst, Aug. 2020.*)
Speece, Darren Frederick. *Defending Giants: The Redwood Wars and the Transformation of American Environmental Politics.* Seattle: University of Washington Press, 2017.
Spence, Mark David. Department of the Interior, National Park Service, Pacific West Region. "Watershed Park: Administrative History, Redwood National and State Parks." 2011.
Thompson, Don. "Redwoods Siphon Water from the Top and Bottom." *Los Angeles Times*, Sept. 1, 2002.
Vogt, C., E. Jimbo, J. Lin, and D. Corvillon. "Floodplain Restoration at the Old Orick Mill Site." Berkeley: University of California Berkeley: River-Lab, 2019.
Walters, Heidi. "Orick or bust." *North Coast Journal of Politics, People & Art* (Eureka, CA), May 31, 2007.
Widick, Richard. *Trouble in the Forest: California's Redwood Timber Wars.* Minneapolis: University of Minnesota Press, 2009.

第5章

Bailey, Nadine. Interview with the author, Sept. 2019.
Bari, Judi. Timber Wars. Monroe, ME: Common Courage Press, 1994.
Carroll, Matthew S. *Community and the Northwestern Logger: Continuities and Changes in the Era of the Spotted Owl.* New York: Avalon Publishing, 1995.
Dumont, Clayton W. "The Demise of Community and Ecology in the Pacific Northwest:

Historical Roots of the Ancient Forest Conflict." *Sociological Perspectives* 39, no. 2 (1996): 277-300.
"Forks: Timber community revitalizes economy." Associated Press, Dec. 21, 1992.
Glionna, John M. "Community at Loggerheads Over a Book by Dr. Seuss." *Los Angeles Times*, Sept. 18, 1989.
Greber, Brian. Interview with the author, June 2020.
Guffie, Chris. Interview with the author, Sept. 2020.
Fortmann, Louise. Interview with the author, June 2020.
Harter, John-Henry. "Environmental Justice for Whom? Class, New Social Movements, and the Environment: A Case Study of Greenpeace Canada, 1971-2000." Labour 54, no. 3 (2004).
Hines, Sandra. "Trouble in Timber Town." *Columns*, December 1990.
Loomis, Erik. *Empire of Timber: Labor Unions and the Pacific Northwest Forests.* Cambridge: Cambridge University Press, 2015.
Loomis, Erik, and Ryan Edgington. "Lives Under the Canopy: Spotted Owls and Loggers in Western Forests." *Natural Resources Journal* 51, no. 1 (2012).
Madonia, Joseph F. "The Trauma of Unemployment and Its Consequences." *Social Casework* 64, no. 8 (1983): 482-88.
"Northwest Environmental Issues." C-SPAN, aired Apr. 2, 1993. https://www.c-span.org/video/?39332-1/northwest-environmental-issues.
O'Hara, Kevin L., et al. "Regeneration Dynamics of Coast Redwood, a Sprouting Conifer Species: A Review with Implications for Management and Restoration." *Forests* 8, no. 5 (2017).
Pendleton, Michael R. "Beyond the threshold: The criminalization of logging." *Society & Natural Resources* 10, no. 2 (1997).
Pryne, Eric. "Government's Ax May Come Down Hard on Forks Timber Spokesman Larry Mason." *Seattle Times*, May 5, 1994.
Romano, Mike. "Who Killed the Timber Task Force?" *Seattle Weekly*, Oct. 9, 2006.
Speece, Darren Frederick. *Defending Giants: The Redwood Wars and the Transformation of American Environmental Politics.* Seattle: University of Washington Press, 2017.
Stein, Mark A. "'Redwood Summer': It Was Guerrilla Warfare: Protesters' anti-logging tactics fail to halt North Coast timber harvest. Encounters leave loggers resentful." *Los Angeles Times*, Sept. 2, 1990.
Widick, Richard. *Trouble in the Forest: California's Redwood Timber Wars.* Minneapolis: University of Minnesota Press, 2009.

第6章

Author's personal notes and photographs, Sept. 2019.
Barlow, Ron. Interview with the author, Oct. 2021.
California State Parks. "What Is Burl?" https://www.nps.gov/redw/planyourvisit/upload/Redwood_Burl_Final-508.pdf.
Del Tredici, Peter. "Redwood Burls: Immortality Underground." *Arnoldia* 59, no. 3 (1999).
Logan, William Bryant. *Sprout Lands: Tending the Endless Gift of Trees.* New York: W. W. Norton, 2019.（ウィリアム・ブライアント・ローガン『樹木の恵みと人間の歴史――石器時代の木道からトトロの森まで』屋代通子 訳　築地書館　2022）
Marteache, Nerea, and Stephen F. Pires. "Choice Structuring Properties of Natural Resource Theft: An Examination of Redwood Burl Poaching." *Deviant Behavior* 41, no. 3 (2019).
McCormick, Evelyn. *The Tall Tree Forest: A North Coast Tree Finder.* Self-published, Rio Dell, 1987.
Peattie, Donald Culross. *A Natural History of North American Trees.* San Antonio, TX:

Trinity University Press, 2007.
Perlin, John. *A Forest Journey: The Story of Wood and Civilization.* Woodstock, VT: The Countryman Press, 1989.（ジョン・パーリン『森と文明』安田喜憲，鶴見精二 訳　晶文社　1994）
Pires, Stephen F., et al. "Redwood Burl Poaching in the Redwood State & National Parks, California, USA," in Lemieux, A. M., ed., *The Poaching Diaries*（vol. 1）: *Crime Scripting for Wilderness Problems.* Phoenix: Center for Problem Oriented Policing, Arizona State University, 2020.
Popkin, Gabriel. "'Wood wide web'—the underground network of microbes that connects trees—mapped for first time." *Science*, May 15, 2019.
Redwood National and State Parks. "Arrest Made in Burl Poaching Case." May 14, 2014. https://www.nps.gov/redw/learn/news/arrest-made-in-burl-poaching-case.htm.
Save the Redwoods League. "Coast Redwoods." https://www.savetheredwoods.org/redwoods/coast-redwoods/.
Sillett, Steve. Personal correspondence with the author, Oct. 2019.
Taylor, Preston. Interview with the author, Feb. 2020.
Tudge, Colin. *The Tree: A Natural History of What Trees Are, How They Live, and Why They Matter.* New York: Crown, 2006.（コリン・タッジ『樹木と文明――樹木の進化・生態・分類、人類との関係、そして未来』大場秀章 監訳　渡会圭子 訳　アスペクト 2007）
University of California Agriculture and Natural Resources. "Coast Redwood（Sequoia sempervirens）." https://ucanr.edu/sites/forestry/California_forests/http___ucanrorg_sites_forestry_California_forests_Tree_Identification_/Coast_Redwood _Sequoia_sempervirens_198/.
University of Delaware. "How plants protect themselves by emitting scent cues for birds." Aug. 15, 2018.
Virginia Tech, College of Natural Resources and Environment. "Fire ecology." http://dendro.cnre.vt.edu/forsite/valentine/fire_ecology.htm.
Widick, Richard. *Trouble in the Forest: California's Redwood Timber Wars.* Minneapolis: University of Minnesota Press, 2009.
Wohlleben, Peter. *The Hidden Life of Trees: What They Feel, How They Communicate—Discoveries from a Secret World.* Vancouver, BC: Greystone Books, 2016.

第７章

Cook, Terry, and Cherish Guffie. Interview with the author, Sept. 2019.
Court filings, "State of Washington v. Christopher David Guffie." Case no. 94-1-00102, accessed Oct. 2020.
Court filings, "State of Washington v. Daniel Edward Garcia." Case no. 94-1-00103, accessed Oct. 2020.
Garcia, Danny. Interviews with the author, Dec. 2019, Jan. 2020, Oct. 2020, Dec. 2020, Feb. 2021, June 2021, July 2021, and Oct. 2021.
Guffie, Chris. Interviews with the author, Sept. 2019 and Sept. 2020.
Guffie, John. Interview with the author, Oct. 2020.
Obituary of Ronald Cook, *Times-Standard*（Eureka, CA）, July 20, 1976.
Obituary of Thelma Cook, *Times-Standard*（Eureka, CA）, Aug. 28, 2007.
Obituary of Timmy Dale Cook, *Times-Standard*（Eureka, CA）, Oct. 12, 2004.
"Victim of Crash Dies." *Times-Standard*（Eureka, CA）, Mar. 1, 1971.

第8章

Court filings, "United States of America v. Reid Johnston." Case no. CR11-5539RJB, accessed 2014.

Cronn, Richard, et al. "Range-wide assessment of a SNP panel for individualization and geolocalization of bigleaf maple (*Acer macrophyllum* Pursh). *Forensic Science International: Animals and Environments.* Vol. 1, Nov. 2021: 100033.

Diggs, Matthew. Interview with the author, 2014.

Durkan, Jenny. "Brinnon Man Indicted for Tree Theft from Olympic National Forest." United States Attorney's Office, Western District of Washington. Nov. 10, 2011.

"Fatality accident: Brinnon's Stan Johnston dies in crash on Hwy. 101; Candy Johnston recovering at Harbourview." *Leader* (Port Townsend, WA), Feb. 19, 2011.

Greenpeace. "Taylor, Gibson, Martin and Fender Team with Greenpeace to Promote Sustainable Logging." July 6, 2010. https://www.greenpeace.org/usa/news/taylor-gibson-martin-and-fen/

Halverson, Matthew. "Legends of the Fallen." *Seattle Met*, Apr. 2013.

Jenkins, Austin. "Music Wood Poaching Case Targets Mill Owner Who Sold to PRS Guitars." NWNewsNetwork, Aug. 6, 2015.

Minden, Anne. Interview with the author, Aug. 2018.

National Park Service. Freedom of Information Act Request, NPS-2019-01621, accessed Nov. 2019.

———. "Size of the Giant Sequoia." Feb. 2007.

———. "Two men sentenced for theft of music wood' timber in Olympic National Park." Feb. 16, 2018.

O'Hagan, Maureen. "Plundering of timber lucrative for thieves, a problem for state." *Seattle Times*, Feb. 24, 2013.

Peattie, Donald Culross. *A Natural History of North American Trees.* San Antonio, TX: Trinity University Press, 2007.

Riggs, Keith. "Timber thief in Washington cuts down 300-year-old tree." Forest Service Office of Communication, Jan. 10, 2013.

Taylor, Preston. Interview with the author, Feb. 2020.

Tudge, Colin. *The Tree: A Natural History of What Trees Are, How They Live, and Why They Matter.* New York: Crown, 2006.

United States Department of Agriculture, Forest Service. "Douglas-Fir: An American Wood." FS-235.

———"Species: Pseudotsuga menziesii var. menziesii," distributed by the Fire Effects Information System, https://www.fs.fed.us/database/feis/plants/tree/psemenm/all.html.

第9章

Barlow, Ron. Interview with the author, Oct. 2021.

Cook, Terry, and Cherish Guffie. Interview with the author, Sept. 2019.

Court filings, "The People of the State of California v. Danny Edward Garcia." Case no. CR1402210A, accessed Aug. 2020.

Denny, Laura. Interview with the author, Sept. 2020.

Esler, Bill. "Second Redwood Burl Poacher Sentenced." *Woodworking Network*, June 23, 2014.

"Famous Burls Are Used in Many Nations." *Humboldt Times* Centennial Issue (Eureka, CA), Feb. 8, 1954.

Garcia, Danny. Interviews with the author, Dec. 2019, Jan. 2020, Oct. 2020, Dec. 2020, Feb. 2021, June 2021, July 2021, and Oct. 2021.

Guffie, Chris. Interviews with the author, Sept. 2019 and Sept. 2020.
Hagood, Jim, and Joe Hufford. Interview with the author, Sept. 2019.
"Homeland Security Asset Report Inflames Critics." *All Things Considered*, NPR, July 12, 2006.
Logan, William Bryant. *Sprout Lands: Tending the Endless Gift of Trees.* New York: W. W. Norton, 2019.（ウィリアム・ブライアント・ローガン『樹木の恵みと人間の歴史――石器時代の木道からトトロの森まで』屋代通子 訳　築地書館　2022）
Muth, Robert M. "The persistence of poaching in advanced industrial society: Meanings and motivations—An introductory comment." *Society & Natural Resources* 11, no. 1 (1998).
National Park Service. Freedom of Information Act Request, NPS-2019-01621, accessed Nov. 2019.
Simmons, James. Interview with the author, Sept. 2020.
Squatriglia, Chuck. "Fighting back: Park managers are cracking down on thieves stealing old-growth redwood logs." *SF Gate*, Sept. 17, 2006.
Trick, Randy J. "Interdicting Timber Theft in a Safe Place: A Statutory Solution to the Traffic Stop Problem." *Seattle Journal of Environmental Law* 2, no. 1 (2012).
Troy Stephen. Interviews with the author, Sept. 2019, Sept. 2020, Feb. 2021, and July 2021.

第 10 章

Amador, Don. "2001 Orick Freedom Rally and Protest Update." Blue Ribbon Coalition, June 26, 2001.
Author's personal notes and photographs.
Barlow, Ron. Interview with the author, Oct. 2021.
Cart, Julie. "Storm over North Coast rights." *Los Angeles Times*, Dec. 18, 2006.
Cook, Terry, and Cherish Guffie. Interview with the author, Sept. 2019.
Court records, "California Department of Parks and Recreation v. Edward Salsedo." Case no. A112125, July 2009, accessed Jan. 2020.
Frick, Steve. Interview with the author, Sept. 2019.
Hagood, Jim. Interviews with the author, Sept. 2019 and Jan. 2021.
House, Rachelle. "Western Snowy Plover reaches important milestone in its recovery" *Audubon*, Aug. 2018.
Hughes, Derek. Interviews with the author, Sept. 2020, Oct. 2020, Mar. 2021, Apr. 2021, July 2021, and Oct. 2021.
Lehman, Jacob. "Gates draw anger." *Times-Standard* (Eureka, CA), Aug. 2000.
Meyer, Betty. Interview with the author, Sept. 2019.
Netz, Lynne. Interview with the author, Sept. 2019.
"Orick Under Siege." Advertisement. *Times-Standard* (Eureka, CA), July 29, 2000.
Pero, Branden. Interviews with the author, Sept. 2019, Sept. 2021, and Oct. 2021.
Simmons, James. Interview with the author, Sept. 2019.
Treasure, James. "'Orick in grave need,' according to letter." *Times-Standard* (Eureka, CA), Oct. 24, 2001.
Walters, Heidi. "Orick or bust." *North Coast Journal of Politics, People & Art* (Eureka, CA), May 31, 2007.

第 11 章

"Adverse Community Experiences and Resilience: A Framework for Addressing and Preventing Community Trauma." Prevention Institute, 2015.
Bradel, Alejandro, and Brian Greaney. "Exploring the Link Between Drug Use and Job Status in the U.S." Federal Reserve Bank, July 2013.

Case, Anne, and Angus Deaton. *Deaths of Despair and the Future of Capitalism.* Princeton, NJ: Princeton University Press, 2021.（アン・ジェース　アンガス・ディートン『絶望死のアメリカ――資本主義がめざすもの』松本裕 訳　みすず書房　2021）
"Coley." *Intervention*, Season 3, Episode 11. A&E, aired Aug. 2007.
Coriel, Andrew, and Phil Huff. Interview with the author, July 2020.
Court filings, "The People of the State of California v. Danny Edward Garcia." Case no. CR1402210A, accessed Aug. 2020.
Daniulaityte, Raminta, et al. "Methamphetamine Use and Its Correlates among Individuals with Opioid Use Disorder in a Midwestern U.S. City." *Substance use & misuse* 55, no. 11 (2020): 1781-1789.
DataUSA. "Orick, CA." https://datausa.io/profile/geo/orick-ca/.
Dumont, Clayton W. "The Demise of Community and Ecology in the Pacific Northwest: Historical Roots of the Ancient Forest Conflict." *Sociological Perspectives* 39, no. 2 (1996): 277-300.
Goldsby, Mike. Interview with the author, Sept. 2019.
Guffie, Chris. Interview with the author, Sept. 2020.
Hagood, Jim. Interviews with the author, Sept. 2019 and Jan. 2021.
Heffernan, Virginia. "Confronting a Crystal Meth Head Who Is Handy with a Chainsaw." *New York Times*, Aug. 10, 2007.
Henkel, Dieter. "Unemployment and substance use: A review of the literature (1990-2010)." *Current Drug Abuse Reviews* 4, no. 1 (2011).
Hufford, Donna, and Joe Hufford. Interview with the author, Sept. 2019.
Hughes, Derek. Interviews with the author, Sept. 2020, Oct. 2020, Mar. 2021, Apr. 2021, July 2021, and Oct. 2021.
"Humboldt County Economic & Demographic Profile." Center for Economic Development, 2018.
Kemp, Kym. "Never Ask What a Humboldter Does for a Living and Other Unique Etiquette Rules." *Lost Post Outpost* (Eureka, CA), Jan. 8, 2011.
Kristof, Nicholas D., and Sheryl WuDunn. *Tightrope: Americans Reaching for Hope.* New York: Knopf, 2020.（ニコラス・D・クリストフ　シェリル・ウーダン『絶望死――労働者階級の命を奪う"病"』村田綾子　朝日新聞出版　2021）
Life After Meth: Facing the Northcoast Methamphetamine Crisis. Produced by Seth Frankel and Claire Reynolds. Eureka, CA: KEET-TV, 2006.
Lupick, Travis. *Fighting for Space: Hoiv a Group of Drug Users Transformed One City's Struggle with Addiction.* Vancouver, BC: Arsenal Pulp Press, 2017.
Madonia, Joseph F. "The Trauma of Unemployment and Its Consequences." *Social Casework* 64, no. 8 (1983): 482-88.
Mate, Gabor. *In the Realm of Hungry Ghosts: Close Encounters with Addiction.* Toronto: Random House Canada, 2009.
"Methamphetamine." California Northern and Eastern Districts Drug Threat Assessment, National Drug Intelligence Center, Jan. 2001.
Minden, Anne. Interview with the author, Aug. 2018.
Robles, Frances. "Meth, the Forgotten Killer, Is Back. And It's Everywhere." *New York Times*, Feb. 13, 2018.
Rose, David. "'The Pacific Northwest is drowning in methamphetamine': 17 arrested in major drug trafficking operation." Fox13 Seattle, Oct. 24, 2019.
Sherman, Jennifer. "Bend to Avoid Breaking: Job Foss, Gender Norms, and Family Stability in Rural America." *Social Problems* 56, no. 4 (2009).
———. *Those Who Work, Those Who Don't: Poverty, Morality, and Family in Rural America.* Minneapolis: University of Minnesota Press, 2009.
Trick, Randy J. "Interdicting Timber Theft in a Safe Space: A Statutory Solution to the Traffic Stop Problem." *Seattle Journal of Environmental Law* 2, no. 1 (2012): 383-426.
Volkow, Dr. Nora. "Rising Stimulant Deaths Show That We Face More Than Just an Opioid

Crisis." National Institute on Drug Abuse, Nov. 2020.
Widick, Richard. *Trouble in the Forest: California's Redwood Timber Wars.* Minneapolis: University of Minnesota Press, 2009.
Yu, Steve. Interview with the author, July 2020.

第12章

"Arrest made in burl poaching case." Redwood National and State Parks, May 14, 2014.
Author's personal notes and photographs.
Brown, Patricia Leigh. "Poachers Attack Beloved Elders of California, Its Redwoods." *New York Times*, Apr. 8, 2014.
Cook, Terry, and Cherish Guffie. Interview with the author, Sept. 2019.
Court filings, "The People of the State of California v. Danny Edward Garcia." Case no. CR1402210A, accessed Aug. 2020.
Pires, Stephen F., et al. "Redwood Burl Poaching in the Redwood State & National Parks, California, USA," in Lemieux, A. M., ed., *The Poaching Diaries* (vol. 1): *Crime Scripting for Wilderness Problems.* Phoenix: Center for Problem Oriented Policing, Arizona State University, 2020.
Simon, Melissa. "Burl poacher sentenced to community service." *Times-Standard* (Eureka, CA), June 20, 2014.
Sims, Hank. "Burl Poaching Suspect Arrested." *Lost Coast Outpost* (Eureka, CA), May 14, 2014.
Yu, Steve. Interview with the author, July 2020.

第13章

Author's personal notes and photographs.
Cook, Terry, and Cherish Guffie. Interview with the author, Sept. 2019.
Court filings, "People of the State of California v. Derek Alwin Hughes." Case no. CR1803044, accessed Dec. 2020.
"The Dangers of Being a Ranger." *Weekend Edition*, NPR, June 18, 2005.
Davidson, Joe. "Federal land employees were threatened or assaulted 360 times in recent years, GAO says." *Washington Post*, Oct. 21, 2019.
Garcia, Danny. Interviews with the author, Dec. 2019, Jan. 2020, Oct. 2020, Dec. 2020, Feb. 2021, June 2021, July 2021, and Oct. 2021.
Hearne, Rick. "Figuring out figure—bird's eye." *Wood Magazine*. https://ww.woodmagazine.com/materials-guide/lumber/wood-figure/figuring-out-figure—birds-eye.
Hughes, Derek. Interviews with the author, Sept. 2020, Oct. 2020, Mar. 2021, Apr. 2021, July 2021, and Oct. 2021.
Johnson, Kirk. "In the Wild, a Big Threat to Rangers: Humans." *New York Times*, Dec. 6, 2010.
Netz, Lynne. Interview with the author, Sept. 2019.
Pennaz, Alice B. Kelly. "Is That Gun for the Bears? The National Park Service Ranger as a Historically Contradictory Figure." *Conservation & Society* 15, no. 3 (2017): 243-54.
Pero, Branden. Interviews with the author, Sept. 2019, Sept. 2021, and Oct. 2021.
Probation Report, "The People of the State of California v. Derek Alwin Hughes." Aug. 2021, accessed Oct. 2021.
Trick, Randy J. "Interdicting Timber Theft in a Safe Space: A Statutory Solution to the Traffic Stop Problem." *Seattle Journal of Environmental Law* 2, no. 1 (2012): 383-426.
Troy, Stephen. Interviews with the author, Sept. 2019, Sept. 2020, Feb. 2021, July 2021, and Oct. 2021.

第14章

Barnard, Jeff. "Redwood park closes road to deter burl poachers." Associated Press, Mar. 5, 2014.

Court filings, "People of the State of California v. Derek Alwin Hughes." Case no. CR1803044, accessed Dec. 2020.

Hughes, Derek. Interviews with the author, Sept. 2020, Oct. 2020, Mar. 2021, Apr. 2021, July 2021, and Oct. 2021.

Pero, Branden. Interviews with the author, Sept. 2019, Sept. 2021, and Oct. 2021.

Probation Report, "The People of the State of California v. Derek Alwin Hughes." Aug. 2021, accessed Oct. 2021.

Sims, Hank. "Humboldt Deputy DA Named California's 'Wildlife Prosecutor of the Year': Kamada Prosecuted Poachers, Growers, Dudleya Bandits." *North Coast Outpost* (Eureka, CA), June 21, 2018.

Troy, Stephen. Interviews with the author, Sept. 2019, Sept. 2020, Feb. 2021, July 2021, and Oct. 2021.

第15章

British Columbia Ministry of Forests, Lands and Natural Resource Operations. "Tree poaching—response provided Oct. 2018." Personal correspondence with the author, Feb. 2019.

———. "Unauthorized Harvest Statistics: 2016-2018." Personal correspondence with the author, Feb. 2019.

Clarke, Luke. Interview with the author, Mar. 2019.

"Forest Stewardship Plan." Sunshine Coast Community Forest. http://www.sccf.ca/forest-stewardship/forest-stewardship-plan, accessed Aug. 19, 2021.

Holt, Rachel, et al. "Defining old growth and recovering old growth on the coast: Discussion of options." Prepared for the Ecosystem Based Management Working Group, Sept. 2008.

Hooper, Tyler (Canada Border Services Agency). Personal correspondence with the author, Apr. 2021.

Lasser, Dave. Interview with the author, Sept. 2020.

Nanaimo Homeless Coalition. "Factsheet: Homelessness in Nanaimo," 2019.

Peterson, Jodi. "Northwest timber poaching increases." High Country News (Paonia, CO), June 8, 2018.

"Story of the year: DisconTent City." *Nanaimo* (*BC*) *News Bulletin*, Dec. 27, 2018.

Sunshine Coast Community Forest. "History." http://www.sccf.ca/who-we-are/history.

"Timber poaching grows on Washington public land." Washington Forest Protection Association Blog, Dec. 19, 2018. https://www.wfpa.org/news-resources/blog/timber-poaching-grows-on-washington-public-land/.

"Tree poaching hits epidemic' levels." *Coast Reporter* (Sechelt, BC), May 18, 2020.

Vinh, Pamela. Interview with the author, Feb. 2019.

Washington Department of Natural Resources. "Economic & Revenue Forecast," Feb. 2018.

Zeidler, Maryse. "Report recommends batons, pepper spray for B.C. natural resource officers." CBC.ca, Mar. 10, 2019.

Zieleman, Sara. Personal correspondence with the author, Apr. 2021.

第16章

Court filings, "United States of America v. Justin Andrew Wilke." Case no. CR19-5364BHS,

accessed Sept. 2021.
Golden, Hallie. "'A problem in every national forest': Tree thieves were behind Washington wildfire." *Guardian* (London), Oct. 5, 2019.
"Member of timber poaching group that set Olympic National Forest wildfire sentenced to 2½ years in prison." United States Attorney's Office, Western District of Washington, Sept. 21, 2020.
United States Department of Agriculture, Forest Service. "Maple Fire investigation results." Oct. 1, 2019.

第17章

Adventure Scientists. "Timber Tracking." https://www.adventurescientists.org/timber.html.
———. "Tree DNA Used to Convict Timber Poacher," July 29, 2021.
Cronn, Richard. Interview with the author, Aug. 2021.
Cronn, Richard, et al. "Range-wide assessment of a SNP panel for individualization and geolocalization of bigleaf maple (*Acer macrofhyllum Pursh*). *Forensic Science International: Animals and Environments.* Vol. 1, Nov. 2021: 100033.
Dowling, Michelle, Michelle Toshack, and Maris Fessenden. "Timber Project Report 2019." Adventure Scientists, Nov. 2020. https://www.adventurescientists.Org/uploads/7/3/9/8/7398741/2019_timber-report_20201112.pdf.
Gupta, P, J. Roy, and M. Prasad. "Single nucleotide polymorphisms: A new paradigm for molecular marker technology and DNA polymorphism detection with emphasis on their use in plants." *Current Science* 80, no. 4 (Feb. 2001): 524-35.
United States Department of Agriculture, Forest Service. "Maple Fire investigation results," Oct. 1, 2019.

第18章

Author's personal notes and photographs, Sept. 2019.
Baquero, Diego Cazar. "Indigenous Amazonian communities bear the burden of Ecuador's balsa boom." Mongabay.com, Aug. 17, 2021.
Davidson, Helen. "From a forest in Papua New Guinea to a floor in Sydney: How China is getting rich off Pacific lumber." *Guardian* (London), May 31, 2021.
Dunlevie, James. "Million-dollar 'firewood theft' operation busted in southern Tasmania." ABC News (Sydney), May 7, 2020.
Espinoza, Ed. Interviews with the author, June 2018 and Sept. 2019.
Food and Agriculture Organization of the United Nations. North American Forest Commission, Twentieth Session, "State of Forestry in the United States of America," 2000. http://www.fao.Org/3/x4995e/x4995e.htm.
Goddard, Ken. Interviews with the author, June 2018 and Sept. 2019.
Grant, Jason, and Hin Keong Chen. "Using Wood Forensic Science to Deter Corruption and Illegality in the Timber Trade." Targeting Natural Resource Corruption (Topic Brief), Mar. 2021.
Grosz, Terry. Interview with the author, June 2018.
International Bank for Reconstruction and Development/The World Bank. *Illegal Logging, Fishing, and Wildlife Trade: The Costs and How to Combat It.* Oct. 2019.
Lancaster, Cady. Interviews with the author, Sept. 2019 and Oct. 2020.
Mukpo, Ashoka. "Ikea using illegally sourced wood from Ukraine, campaigners say." Mongabay.com, June 29, 2020.
Nellemann, Christian. Interview with the author, Sept. 2013.

Neme, Laurel A. *Animal Investigators: How the World's First Wildlife Forensics Lab Is Solving Crimes and Saving Endangered Species.* New York: Scribner, 2009.
Petrich, Katharine. "Cows, Charcoal, and Cocaine: al-Shabab's Criminal Activities in the Horn of Africa." *Studies in Conflict & Terrorism*, 2019.
Sheikh, Pervaze A. "Illegal Logging: Background and Issues." Congressional Research Service, June 2008. https://crsreports.congress.gov/product/pdf/RL/RL33932/8.
World Wide Fund for Nature. "Illegal wood for the European market," July 2008.
———. "Stop Illegal Logging." https://www.worldwildlife.org/initiatives/stopping-illegal-logging.
Zuckerman, Jocelyn C. "The Time Has Come to Rein in the Global Scourge of Palm Oil." *Yale Environment 360*, May 27, 2021.

第19章

Aguirre, Ruhiler. Interviews with the author, Apr. 2018.
Author's personal notes and photographs.
Conniff, Richard. "Chasing the Illegal Loggers Looting the Amazon Forest." Wired, Oct. 2017.
Custodio, Leslie Moreno. "In the Peruvian Amazon, the prized shihuahuaco tree faces a grim future." Mongabay.com, Oct. 31, 2018.
Environmental Investigation Agency. "The Illegal Logging Crisis in Honduras," 2006.
———. "The Laundering Machine: How Fraud and Corruption in Peru's Concession System Are Destroying the Future of Its Forests," 2012.
Urrunaga, Julia. Interview with the author, May 2018.

第20章

Author's personal notes and photographs.
Jumanga, Jose. Interview with the author, May 2018.
Vasquez, Raul. Interview with the author, May 2018.

第21章

Author's personal notes and photographs.
Ennes, Juliana. "Illegal logging reaches Amazon's untouched core, 'terrifying' research shows." Mongabay.com, Sept. 15, 2021.
Espinoza, Ed. Interviews with the author, June 2018 and Sept. 2019.
Carrington, Damian. "Amazon rainforest now emitting more CO_2 than it absorbs." *Guardian* (London), July 14, 2021.
Center for Climate and Energy Solutions. "Wildfires and Climate Change." https://www.c2es.org/content/wildfires-and-climate-change/.
International Union for Conservation of Nature. "Peatlands and climate change." Issues Brief, 2014.
———. "Rising murder toll of park rangers calls for tougher laws." July 29, 2014.
Jirenuwat, Ryn, and Tyler Roney. "The guardians of Siamese rosewood." China Dialogue.net, Jan. 28, 2021.
Lancaster, Cady. Interviews with the author, Sept. 2019 and Oct. 2020.
Law, Beverly, and William Moornaw. "Curb climate change the easy way: Don't cut down big trees." The Conversation.com, Apr. 7, 2021.
Rainforest Alliance. "Spatial data requirements and guidance," June 2018.

Shukman, David. "'Football pitch' of Amazon forest lost every minute." BBC News, July 2, 2019.
United Nations Sustainable Development. "UN Report: Nature's Dangerous Decline 'Unprecedented'; Species Extinction Rates 'Accelerating.'" May 6, 2019.
Young, Rory, and Yakov Alekseyev. "A Field Manual for Anti-Poaching Activities." African Lion & Environmental Research Trust, 2014.

第22章

Barlow, Ron. Interview with the author, Oct. 2021.
Cook, Terry, and Cherish Guffie. Interview with the author, Sept. 2019.
Garcia, Danny. Interviews with the author, Dec. 2019, Jan. 2020, Oct. 2020, Dec. 2020, Feb. 2021, June 2021, July 2021, and Oct. 2021.
Guffie, John. Interview with the author, Oct. 2020.
Hughes, Derek. Interviews with the author, Sept. 2020, Oct. 2020, Mar. 2021, Apr. 2021, July 2021, and Oct. 2021.
Pero, Branden. Interviews with the author, Sept. 2019 and Sept. 2021.
Probation Report, "The People of the State of California v. Derek Alwin Hughes." Aug. 2021, accessed Oct. 2021.

あとがき

Bray, David. "Mexican communities manage their local forests, generating benefits for humans, trees and wildlife." The Conversation.com. https://theconversation.com/mexican-communities-manage-their-local-forests-generating-benefits-for-humans-trees-and-wildlife-165647.
British Columbia Community Forest Association. "Community Forest Indicators 2021." Sept. 2021.
Duffy, Rosaleen, et al. "Open Letter to the Lead Authors of 'Protecting 30% of the Planet for Nature: Costs, Benefits and Implications.'" https://openlettertowaldronetal.wordpress.com/.
Meissner, Dirk. "Ongoing protests, arrests at Fairy Creek over logging 'not working,' says judge." Canadian Press, Sept. 18, 2021.
Polmateer, Jaime. "172 job layoffs as Canfor announces closure of Vavenby mill." *Clearwater (BC) Times*, June 3, 2019.
Waldron, Anthony, et al. "Protecting 30% of the Planet for Nature: Costs, Benefits and Economic Implications." Working paper analyzing the economic implications of the proposed 30% target for areal protection in the draft post-2020 Global Biodiversity Framework. Cambridge Conservation Research Institute, 2020.

索引

[カ行]

[サ行]

[タ行]

[ナ行]

[ハ行]

[マ行]

[ヤ行]

[ラ・ワ行]

【著者紹介】
リンジー・ブルゴン（Lyndsie Bourgon）
カナダのブリティッシュ・コロンビア州を拠点とするライター、口述史家。2018年にはナショナル・ジオグラフィック 特派員に選ばれる。環境と、歴史、文化、地域社会に根差した地域住民のアイデンティティとの絡み合いについての執筆が多い。彼女の記事は、アトランティック、スミソニアン、ガーディアン、オックスフォードアメリカンなど で掲載されている。本書が初の著書である。

【訳者紹介】

門脇 仁（かどわき ひとし）

森林生態系と林業システムの研究でパリ第8大学大学院上級研究課程修了。

現在、著述・翻訳家。法政大学・東京理科大学非常勤講師。

著書『エコカルチャーから見た世界――思考・伝統・アートで読み解く』（ミネルヴァ書房）他。

訳書『エコロジーの歴史』（緑風出版）、『環境の歴史』（みすず書房、共訳）他。

樹盗

森は誰のものか

2023 年 5 月 31 日　初版発行

著者　　　リンジー・ブルゴン
訳者　　　門脇 仁
発行者　　土井二郎
発行所　　築地書館株式会社
〒 104-0045 東京都中央区築地 7-4-4-201
TEL.03-3542-3731　FAX.03-3541-5799
http://www.tsukiji-shokan.co.jp/
振替 00110-5-19057
印刷・製本　シナノ印刷株式会社
装丁　　　吉野 愛

© 2023 Printed in Japan　ISBN 978-4-8067-1651-8

● 築地書館の森と生きる人間を考える本 ●

植物と叡智の守り人

**ネイティブアメリカンの植物学者が語る
科学・癒し・伝承**

ロビン・ウォール・キマラー［著］三木直子［訳］
3200 円＋税

ニューヨーク州の山岳地帯。
美しい森の中で暮らす植物学者であり、
北アメリカ先住民である著者が、
自然と人間の関係のありかたを、
ユニークな視点と深い洞察でつづる。
ジョン・バロウズ賞受賞後、待望の第2作。
13 カ国で翻訳された世界のベストセラー。

コケの自然誌

ロビン・ウォール・キマラー［著］三木直子［訳］
2400 円＋税

極小の世界で生きるコケの
驚くべき生態が詳細に描かれる。
シッポゴケの個性的な繁殖方法、
ジャゴケとゼンマイゴケの縄張り争い、
湿原に広がるミズゴケのじゅうたん――
眼を凝らさなければ見えてこない、
コケと森と人間の物語。
ジョン・バロウズ賞を受賞した
鮮烈なデビュー作。

● 築地書館の森と生きる人間を考える本 ●

木々は歌う

植物・微生物・人の関係性で解く森の生態学

D.G. ハスケル［著］ 屋代通子［訳］
2700円＋税

1本の樹から微生物、鳥、森、人の暮らしへ、
歴史・政治・経済・環境・生態学・進化
すべてが相互に関連している。
失われつつある自然界の複雑で創造的な
生命のネットワークを、時空を超えて、
緻密で科学的な観察で描き出す。
ジョン・バロウズ賞受賞作、待望の翻訳。

ミクロの森

1㎡の原生林が語る生命・進化・地球

D.G. ハスケル［著］三木直子［訳］
2800円＋税

米テネシー州の原生林の1㎡の地面を決めて、
1年間通いつめた生物学者が描く、
森の生物たちのめくるめく世界。
植物、菌類、鳥、コヨーテ、風、雪、地震、
さまざまな生き物たちが織り成す
小さな自然から見えてくる
遺伝、進化、生態系、地球、そして森の真実。
ピュリッツァー賞最終候補作品。